建筑与市政工程施工现场专业人员职业标准培训教材

标准员核心考点模拟与解析

建筑与市政工程施工现场专业人员职业标准培训教材编委会　编写

中国建筑工业出版社

图书在版编目（CIP）数据

标准员核心考点模拟与解析／建筑与市政工程施工现场专业人员职业标准培训教材编委会编写. — 北京：中国建筑工业出版社，2023.10

建筑与市政工程施工现场专业人员职业标准培训教材

ISBN 978-7-112-29076-5

Ⅰ．①标… Ⅱ．①建… Ⅲ．①建筑工程—标准化管理—职业培训—教材 Ⅳ．①TU711

中国国家版本馆 CIP 数据核字（2023）第 160325 号

责任编辑：李　慧　李　杰
责任校对：芦欣甜
核对整理：孙　莹

建筑与市政工程施工现场专业人员职业标准培训教材

标准员核心考点模拟与解析

建筑与市政工程施工现场专业人员职业标准培训教材编委会　编写

*

中国建筑工业出版社出版、发行（北京海淀三里河路 9 号）

各地新华书店、建筑书店经销

北京红光制版公司制版

建工社（河北）印刷有限公司印刷

*

开本：787 毫米×1092 毫米　1/16　印张：10½　字数：252 千字

2023 年 10 月第一版　　2023 年 10 月第一次印刷

定价：**39.00** 元

ISBN 978-7-112-29076-5

（41803）

编　委　会

前　　言

　　为落实住房和城乡建设部发布的行业标准《建筑与市政工程施工现场专业人员职业标准》JGJ/T 250，进一步规范建设行业施工现场专业人员岗位培训工作，贴合培训测试需求。本书以《标准员通用与基础知识（第二版）》《标准员岗位知识与专业技能（第二版）》为蓝本，依据职业标准相配套的考核评价大纲，总结提取教材中的核心考点，指导考生学习与复习；并结合往年考试中的难点和易错考点，配以相应的测试题，增强考生对知识点的理解，提升其应试能力，本书更贴合考试需求。

　　本书分上下两篇，上篇为《通用与基础知识》，下篇为《岗位知识与专业技能》，所有章节名称与相应专业的《标准员通用与基础知识（第二版）》《标准员岗位知识与专业技能（第二版）》对应，本书的知识点均标注了在第二版教材中的页码，以便考生查找，对照学习。

　　本书上篇教材点睛共 78 个考点，下篇教材点睛共 29 个考点，共计 107 个考点。全书考点分为四类，即一般考点（其后无标注），核心考点（"★"标识），易错考点（"●"标识），核心考点＋易错考点（"★●"标识）。

　　配套巩固练习题 700 余道，题型分为判断题、单选题、多选题三类。

　　由于编写时间有限，书中难免存在不妥之处，敬请广大读者批评指正。

目　　录

上篇　通用与基础知识

下篇　岗位知识与专业技能

上篇

通用与基础知识

知识点导图

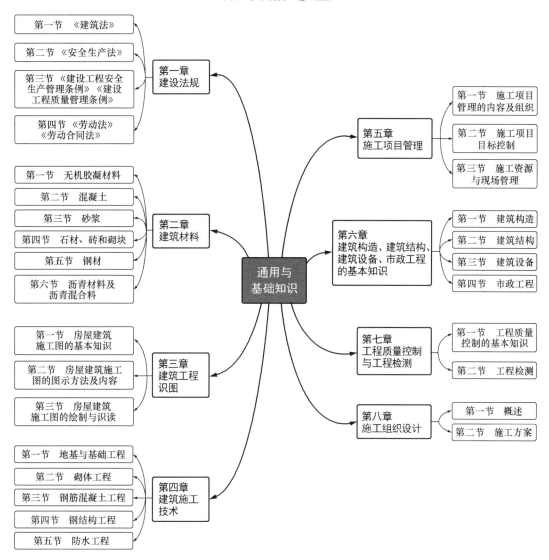

第一节 《建筑法》

第二节 《安全生产法》

第三节 《建设工程安全生产管理条例》《建设工程质量管理条例》

第四节 《劳动法》《劳动合同法》

第一章 建设法规

第一节 无机胶凝材料

第二节 混凝土

第三节 砂浆

第四节 石材、砖和砌块

第五节 钢材

第六节 沥青材料及沥青混合料

第二章 建筑材料

第一节 房屋建筑施工图的基本知识

第二节 房屋建筑施工图的图示方法及内容

第三节 房屋建筑施工图的绘制与识读

第三章 建筑工程识图

第一节 地基与基础工程

第二节 砌体工程

第三节 钢筋混凝土工程

第四节 钢结构工程

第五节 防水工程

第四章 建筑施工技术

通用与基础知识

第五章 施工项目管理

第一节 施工项目管理的内容及组织

第二节 施工项目目标控制

第三节 施工资源与现场管理

第六章 建筑构造、建筑结构、建筑设备、市政工程的基本知识

第一节 建筑构造

第二节 建筑结构

第三节 建筑设备

第四节 市政工程

第七章 工程质量控制与工程检测

第一节 工程质量控制的基本知识

第二节 工程检测

第八章 施工组织设计

第一节 概述

第二节 施工方案

第一章 建 设 法 规

考点1：建设法规构成概述

教材点睛 教材① P1～P2

1. 我国建设法规体系的五个层次

（1）建设法律：全国人民代表大会及其常务委员会制定通过，国家主席以主席令的形式发布。

（2）建设行政法规：国务院制定，国务院常务委员会审议通过，国务院总理以国务院令的形式发布。

（3）建设部门规章：住房和城乡建设部制定并颁布，或与国务院其他有关部门联合制定并发布。

（4）地方性建设法规：省、自治区、直辖市人民代表大会及其常委会制定颁布；本地适用。

（5）地方建设规章：省、自治区、直辖市人民政府以及省会（自治区首府）城市和经国务院批准的较大城市的人民政府制定颁布的；本地适用。

2. 建设法规体系各层次间的法律效力：上位法优先原则，依次为建设法律、建设行政法规、建设部门规章、地方性建设法规、地方建设规章。

巩固练习

1.【判断题】建设法规是指国家立法机关制定的旨在调整国家、企事业单位、社会团体、公民之间，在建设活动中发生的各种社会关系的法律法规的总称。　　　　（　　）

2.【判断题】在我国的建设法规的五个层次中，法律效力的层级是上位法高于下位法，具体表现为：建设法律→建设行政法规→建设部门规章→地方性建设法规→地方建设规章。（　　）

3.【单选题】以下法规属于建设行政法规的是（　　）。

A.《工程建设项目施工招标投标办法》　　　B.《中华人民共和国城乡规划法》

C.《建设工程安全生产管理条例》　　　　　D.《实施工程建设强制性标准监督规定》

4.【多选题】下列属于我国建设法规体系的是（　　）。

A. 建设行政法规　　　　　　　　　　　　　B. 地方性建设法规

C. 建设部门规章　　　　　　　　　　　　　D. 建设法律

E. 地方法律

【答案】1. ×；2. √；3. C；4. ABCD

---

① 本书上篇涉及的教材，指《标准员通用与基础知识（第二版）》，请读者结合学习。

第一节 《建筑法》

考点 2：《建筑法》的立法目的

`教材点睛` 教材 P2

1. 《建筑法》的立法目的：加强对建筑活动的监督管理，维护建筑市场秩序，保证建筑工程的质量和安全，促进建筑业健康发展。

2. 现行《建筑法》是 2019 年修订施行的。

考点 3：从业资格的有关规定★●

`教材点睛` 教材 P2～P5

法规依据：《建筑法》第 12 条、第 13 条、第 14 条；《建筑业企业资质标准》。

建筑业企业的资质

(1) 建筑业企业资质序列：施工综合、施工总承包、专业承包和专业作业四个资质序列。【详见 P2 表 1-1】。

(2) 建筑业企业资质等级：施工综合资质不分等级，施工总承包资质分为甲级、乙级两个等级，专业承包资质一般分为甲级、乙级两个等级（部分专业不分等级），专业作业资质不分等级。【详见 P2 表 1-1】

(3) 承揽业务的范围

① 施工综合企业和施工总承包企业：可以承接施工总承包工程。其中建筑工程、市政公用工程施工总承包企业承包工程范围分别见表 1-2、表 1-3【P3～P4】。

② 专业承包企业：可以承接具有施工综合资质和施工总承包资质的企业依法分包的专业工程或建设单位依法发包的专业工程。建筑工程、市政公用工程相关的专业承包企业承包工程的范围见表 1-4【P4】。

③ 专业作业企业：可以承接具有上述三个承包资质企业分包的专业作业。

`巩固练习`

1. 【判断题】《建筑法》的立法目的在于加强对建筑活动的监督管理，维护建筑市场秩序，保证建筑工程的质量和安全，促进建筑业健康发展。 （　　）

2. 【判断题】地基与基础工程专业乙级承包企业可承担深度不超过 24m 的刚性桩复合地基处理工程的施工。 （　　）

3. 【判断题】承包建筑工程的单位只要实际资质等级达到法律规定，即可在其资质等级许可的业务范围内承揽工程。 （　　）

4. 【判断题】专业作业企业可以承接具有施工综合、施工总承包、专业承包资质企业分包的专业作业。 （　　）

5. 【单选题】下列各选项中，不属于《建筑法》规定约束的是（   ）。

A. 建筑工程发包与承包   B. 建筑工程涉及的土地征用

C. 建筑安全生产管理   D. 建筑工程质量管理

6. 【单选题】建筑业企业资质等级，是由（   ）按资质条件把企业划分成为不同等级。

A. 国务院行政主管部门   B. 国务院资质管理部门

C. 国务院工商注册管理部门   D. 国务院

7. 【单选题】按照《建筑业企业资质管理规定》，建筑业企业资质分为（   ）四个资质序列。

A. 特级、一级、二级

B. 一级、二级、三级

C. 甲级、乙级、丙级

D. 施工综合、施工总承包、专业承包和专业作业

8. 【单选题】按照《建筑法》的规定，建筑业企业各资质等级标准和各类别等级资质企业承担工程的具体范围，由（   ）会同国务院有关部门制定。

A. 国务院国有资产管理部门

B. 国务院建设行政主管部门

C. 该类企业工商注册地的建设行政主管部门

D. 省、自治区及直辖市建设主管部门

9. 【单选题】以下建筑装修装饰工程的乙级专业承包企业不可以承包的工程范围是（   ）。

A. 单位工程造价 3400 万元及以下建筑室内、室外装修装饰工程的施工

B. 单位工程造价 1200 万元及以下建筑室内、室外装修装饰工程的施工

C. 除建筑幕墙工程外的单位工程造价 2400 万元及以上建筑室内、室外装修装饰工程的施工

D. 单项合同额 2000 万元及以下的建筑装修装饰工程，以及与装修工程直接配套的其他工程

【答案】1. √；2. √；3. ×；4. √；5. B；6. A；7. D；8. B；9. A

考点 4：《建筑法》关于建筑安全生产管理的规定 ★●

教材点睛 教材 P5～P7

法规依据：《建筑法》第 36 条、第 38 条、第 39 条、第 41 条、第 44 条～第 48 条、第 51 条。

1. 建筑安全生产管理方针： 安全第一、预防为主。

2. 建筑工程安全生产基本制度

（1）安全生产责任制度：包括企业各级领导人员的安全职责、企业各有关职能部门的安全生产职责以及施工现场管理人员及作业人员的安全职责三个方面。

（2）群防群治制度：要求建筑企业职工在施工中应当遵守有关生产的法律、法规和建筑行业安全规章、规程，不得违章作业；对于危及生命安全和身体健康的行为有权提出批评、检举和控告。

（3）安全生产教育培训制度：安全生产，人人有责。要求全员培训，未经安全生产教育培训的人员，不得上岗作业。

（4）伤亡事故处理报告制度：事故发生时及时上报，事故处理遵循"四不放过"的原则。【P7】

（5）安全生产检查制度：是安全生产的保障，通过检查发现问题，查出隐患，采取有效措施，堵塞漏洞，做到防患于未然。

（6）安全责任追究制度：对于没有履行职责造成人员伤亡和事故损失的参建单位，视情节给予相应处理；情节严重的，责令停业整顿，降低资质等级或吊销资质证书；构成犯罪的，依法追究刑事责任。

巩固练习

1.【判断题】《建筑法》第 36 条规定，建筑工程安全生产管理必须坚持安全第一、预防为主的方针。其中"安全第一"是安全生产方针的核心。（　　）

2.【判断题】群防群治制度是建筑生产中最基本的安全管理制度，是所有安全规章制度的核心，是安全第一、预防为主方针的具体体现。（　　）

3.【单选题】建筑工程安全生产管理必须坚持安全第一、预防为主的方针。预防为主体现在建筑工程安全生产管理的全过程中，具体是指（　　）、事后总结。
A. 事先策划、事中控制　　　　　　　B. 事前控制、事中防范
C. 事前防范、监督策划　　　　　　　D. 事先策划、全过程自控

4.【单选题】以下关于建设工程安全生产基本制度的说法中，正确的是（　　）。
A. 群防群治制度是建筑生产中最基本的安全管理制度
B. 建筑施工企业应当对直接施工人员进行安全教育培训
C. 安全检查制度是安全生产的保障
D. 施工中发生事故时，建筑施工企业应当及时清理事故现场并向建设单位报告

5.【单选题】针对事故发生的原因，提出防止相同或类似事故发生的切实可行的预防措施，并督促事故发生单位加以实施，以达到事故调查和处理的最终目的。此款符合"四不放过"事故处理的（　　）原则。
A. 事故原因不清楚不放过
B. 事故责任者和群众没有受到教育不放过
C. 事故责任者没有处理不放过
D. 事故隐患不整改不放过

6.【单选题】建筑施工单位的安全生产责任制主要包括各级领导人员的安全职责、（　　）以及施工现场管理人员及作业人员的安全职责三个方面。

A. 项目经理部的安全管理职责

B. 企业监督管理部的安全监督职责

C. 企业各有关职能部门的安全生产职责

D. 企业各级施工管理及作业部门的安全职责

7.【单选题】按照《建筑法》规定，鼓励企业为（　　）办理意外伤害保险，支付保险费。

A. 从事危险作业的职工 　　　　　　B. 现场施工人员

C. 全体职工 　　　　　　　　　　　D. 特种作业操作人员

8.【多选题】建设工程安全生产基本制度包括：安全生产责任制度、群防群治制度、（　　）等六个方面。

A. 安全生产教育培训制度 　　　　　B. 伤亡事故处理报告制度

C. 安全生产检查制度 　　　　　　　D. 防范监控制度

E. 安全责任追究制度

9.【多选题】在进行生产安全事故报告和调查处理时，必须坚持"四不放过"的原则，包括（　　）。

A. 事故原因不清楚不放过

B. 事故责任者和群众没有受到教育不放过

C. 事故单位未处理不放过

D. 事故责任者没有处理不放过

E. 没有制定防范措施不放过

【答案】1.×；2.×；3.A；4.C；5.D；6.C；7.A；8.ABCE；9.ABDE

考点 5：《建筑法》关于质量管理的规定★

教材点睛 教材 P7～P8

　　法规依据：《建筑法》第 52 条、第 54 条、第 55 条、第 58 条～第 62 条。

　　1. 建设工程竣工验收制度：是对工程是否符合设计要求和工程质量标准所进行的检查、考核工作。建筑工程竣工经验收合格后，方可交付使用；未经验收或者验收不合格的，不得交付使用。

　　2. 建设工程质量保修制度：在《建筑法》规定的保修期限内，因勘察、设计、施工、材料等原因造成的质量缺陷，应当由施工承包单位负责维修、返工或更换，由责任单位负责赔偿损失。对促进建设各方加强质量管理，保护用户及消费者的合法权益可起到重要的保障作用。

巩固练习

　　1.【判断题】在建设工程竣工验收后，在规定的保修期限内，因勘察、设计、施工、材料等原因造成的质量缺陷，应当由责任单位负责维修、返工或更换。　　　　　　（　　）

2. 【单选题】建设工程项目的竣工验收，应当由(　　)依法组织进行。

A. 建设单位　　　　　　　　　　　B. 建设单位或有关主管部门

C. 国务院有关主管部门　　　　　　D. 施工单位

3. 【单选题】在建设工程竣工验收后，在规定的保修期限内，因勘察、设计、施工、材料等原因造成的质量缺陷，应当由(　　)负责维修、返工或更换。

A. 建设单位　　　　　　　　　　　B. 监理单位

C. 责任单位　　　　　　　　　　　D. 施工承包单位

4. 【单选题】根据《建筑法》的规定，以下属于保修范围的是(　　)。

A. 供热、供冷系统工程　　　　　　B. 因使用不当造成的质量缺陷

C. 因第三方造成的质量缺陷　　　　D. 不可抗力造成的质量缺陷

5. 【单选题】建筑工程的质量保修的具体保修范围和最低保修期限由(　　)规定。

A. 建设单位　　　　　　　　　　　B. 国务院

C. 施工单位　　　　　　　　　　　D. 建设行政主管部门

6. 【多选题】建筑工程的保修范围应当包括(　　)等。

A. 地基基础工程　　　　　　　　　B. 主体结构工程

C. 屋面防水工程　　　　　　　　　D. 电气管线

E. 使用不当造成的质量缺陷

【答案】1. ×；2. B；3. D；4. A；5. B；6. ABCD

第二节　《安全生产法》

考点6：《安全生产法》的立法目的

教材点睛　教材P8

1.《安全生产法》的立法目的：为了加强安全生产工作，防止和减少生产安全事故，保障人民群众生命和财产安全，促进经济社会持续健康发展。

2. 现行《安全生产法》是2021年修订施行的。

考点7：生产经营单位的安全生产保障的有关规定●

教材点睛　教材P8~P12

法规依据：《安全生产法》第20条~第51条。

1. 组织保障措施：建立安全生产管理机构；明确岗位责任。

2. 管理保障措施包括：人力资源管理、物力资源管理、经济保障措施、技术保障措施。

考点 8：从业人员的安全生产权利义务的有关规定 ★●

教材点睛 教材 P12～P13

　　法规依据：《安全生产法》第 28 条、第 45 条、第 52 条～第 61 条。

　　1. 安全生产中从业人员的权利： 知情权、批评权和检举、控告权、拒绝权、紧急避险权、请求赔偿权、获得劳动防护用品的权利、获得安全生产教育和培训的权利。

　　2. 安全生产中从业人员的义务： 自律遵规的义务、自觉学习安全生产知识的义务、危险报告义务。

考点 9：安全生产监督管理的有关规定

教材点睛 教材 P13～P14

　　法规依据：《安全生产法》第 62 条～第 78 条。

　　1. 安全生产监督管理部门：《安全生产法》第 10 条规定，国务院应急管理部门对全国安全生产工作实施综合监督管理。国务院交通运输、住房和城乡建设、水利、民航等有关部门在各自的职责范围内对有关行业、领域的安全生产工作实施监督管理。

　　2. 安全生产监督管理措施： 审查批准、验收；取缔，撤销，依法处理。

　　3. 安全生产监督管理部门的职权：【详见 P14】；监督检查不得影响被检查单位的正常生产经营活动。

巩固练习

　　1.【判断题】危险物品的生产、经营、储存单位以及矿山、建筑施工单位的主要负责人和安全管理人员，应当缴费参加由有关部门组织的安全生产知识和管理能力培训考核，考核合格后方可任职。　　　　　　　　　　　　　　　　　　　　　（　　）

　　2.【判断题】生产经营单位的特种作业人员必须按照国家有关规定经生产经营单位组织的安全作业培训，方可上岗作业。　　　　　　　　　　　　　　　　　（　　）

　　3.【判断题】生产经营单位应当按照国家有关规定将本单位重大危险源及有关安全措施、应急措施报地方人民政府建设行政主管部门备案。　　　　　　　　　　（　　）

　　4.【判断题】从业人员发现直接危及人身安全的紧急情况时，应先把紧急情况完全排除，经主管单位允许后撤离作业场所。　　　　　　　　　　　　　　　　　（　　）

　　5.【判断题】《安全生产法》的立法目的是加强安全生产工作，防止和减少生产安全事故，保障人民群众生命和财产安全，促进经济社会持续健康发展。　　　　　（　　）

　　6.【判断题】建筑施工从业人员在一百人以下的，不需要设置安全生产管理机构或者配备专职安全生产管理人员，但应当配备兼职的安全生产管理人员。　　　　（　　）

　　7.【判断题】国家对严重危及生产安全的工艺、设备实行审批制度。　　　（　　）

　　8.【判断题】某施工现场将氧气瓶仓库放在临时建筑一层东侧，员工宿舍放在二层西侧，并采取了保证安全的措施。　　　　　　　　　　　　　　　　　　　（　　）

9.【判断题】生产经营单位的安全生产管理人员应当根据本单位的生产经营特点，对安全生产状况进行经常性检查；对检查中发现的安全问题，应当立即报告。　　　　（　）

10.【判断题】生产经营单位临时聘用的钢结构焊接工人不属于生产经营单位的从业人员，所以不享有从业人员应享有的权利。　　　　　　　　　　　　　　　（　）

11.【单选题】《安全生产法》主要对生产经营单位的安全生产保障、（　　）、安全生产的监督管理、生产安全事故的应急救援与调查处理四个主要方面作出了规定。

A. 生产经营单位的法律责任　　　　　B. 安全生产的执行

C. 从业人员的权利和义务　　　　　　D. 施工现场的安全

12.【单选题】下列关于生产经营单位安全生产保障的说法中，正确的是（　　）。

A. 生产经营单位可以将生产经营项目、场所、设备发包给建设单位指定认可的不具有相应资质等级的单位或个人

B. 生产经营单位的特种作业人员经过单位组织的安全作业培训方可上岗作业

C. 生产经营单位必须依法参加工伤社会保险，为从业人员缴纳保险费

D. 生产经营单位仅需要为从业人员提供劳动防护用品

13.【单选题】下列措施中，不属于生产经营单位安全生产保障措施中经济保障措施的是（　　）。

A. 保证劳动防护用品、安全生产培训所需要的资金

B. 保证工伤社会保险所需要的资金

C. 保证安全设施所需要的资金

D. 保证员工食宿设备所需要的资金

14.【单选题】当从业人员发现直接危及人身安全的紧急情况时，有权停止作业或在采取可能的应急措施后撤离作业场所，这里的权是指（　　）。

A. 拒绝权　　　　　　　　　　　　　B. 批评权和检举、控告权

C. 紧急避险权　　　　　　　　　　　D. 自我保护权

15.【单选题】根据《安全生产法》规定，生产经营单位与从业人员订立协议，免除或减轻其对从业人员因生产安全事故伤亡依法应承担的责任，该协议（　　）。

A. 无效　　　　　　　　　　　　　　B. 有效

C. 经备案后生效　　　　　　　　　　D. 效力待定

16.【单选题】根据《安全生产法》规定，安全生产中从业人员的义务不包括（　　）。

A. 遵守安全生产规章制度和操作规程　　B. 接受安全生产教育和培训

C. 安全隐患及时报告　　　　　　　　D. 紧急处理安全事故

17.【单选题】下列选项中，不属于生产经营单位的从业人员范畴的是（　　）。

A. 技术人员　　　　　　　　　　　　B. 临时聘用的钢筋工

C. 管理人员　　　　　　　　　　　　D. 监督部门视察的监管人员

18.【单选题】下列选项中，不属于安全生产监督检查人员义务的是（　　）。

A. 对检查中发现的安全生产违法行为，当场予以纠正或者要求限期改正

B. 执行监督检查任务时，必须出示有效的监督执法证件

C. 对涉及被检查单位的技术秘密和业务秘密，应当为其保密

D. 应当忠于职守，坚持原则，秉公执法

19. 【多选题】生产经营单位安全生产保障措施由(　　)组成。

A. 经济保障措施　　　　　　　　　B. 技术保障措施

C. 组织保障措施　　　　　　　　　D. 法律保障措施

E. 管理保障措施

【答案】1. ×；2. ×；3. ×；4. ×；5. ✓；6. ×；7. ×；8. ×；9. ×；10. ×；11. C；12. C；13. D；14. C；15. A；16. D；17. D；18. A；19. ABCE

考点 10：安全事故应急救援与调查处理的规定★

教材点睛 教材 P14～P16

法规依据：《安全生产法》第 79 条～第 89 条；《生产安全事故报告和调查处理条例》。

1. 生产安全事故的等级划分标准（按生产安全事故造成的人员伤亡或直接经济损失划分）

（1）特别重大事故：死亡≥30 人，或重伤≥100 人（包括急性工业中毒，下同），或直接经济损失＞1 亿元的事故；

（2）重大事故：10 人≤死亡＜30 人，或 50 人≤重伤＜100 人，或 5000 万元≤直接经济损失＜1 亿元的事故；

（3）较大事故：3 人≤死亡＜10 人，或 10 人≤重伤＜50 人，或 1000 万元≤直接经济损失＜5000 万元的事故；

（4）一般事故：死亡＜3 人，或重伤＜10 人，或直接经济损失＜1000 万元的事故。

2. 生产安全事故报告

（1）生产经营单位发生生产安全事故后，事故现场有关人员应当立即报告本单位负责人。单位负责人接到事故报告后，应当按照国家有关规定立即如实报告当地负有安全生产监督管理职责的部门，不得隐瞒不报、谎报或者迟报，不得故意破坏事故现场、毁灭有关证据。

（2）特种设备发生事故的，还应当同时向特种设备安全监督管理部门报告。实行施工总承包的建设工程，由总承包单位负责上报事故。

3. 应急抢救工作：单位负责人接到事故报告后，应当迅速采取有效措施，组织抢救，防止事故扩大，减少人员伤亡和财产损失。

4. 事故的调查：事故调查处理应当按照科学严谨、依法依规、实事求是、注重实效的原则，及时、准确地查清事故原因，查明事故性质和责任，评估应急处置工作，总结事故教训，提出整改措施，并对事故责任者提出处理建议。

巩固练习

1. 【判断题】某施工现场脚手架倒塌，造成 3 人死亡 8 人重伤，根据《生产安全事故报告和调查处理条例》规定，该事故等级属于一般事故。　　　　　　　　　　　　(　　)

2. 【判断题】某化工厂施工过程中造成化学品试剂外泄导致现场 15 人死亡，120 人急性工业中毒，根据《生产安全事故报告和调查处理条例》规定，该事故等级属于重大事故。
（　　）

3. 【判断题】生产经营单位发生生产安全事故后，事故现场相关人员应当立即报告施工项目经理。（　　）

4. 【判断题】某实行施工总承包的建设工程的分包单位所承担的分包工程发生生产安全事故，分包单位负责人应当立即如实报告给当地建设行政主管部门。（　　）

5. 【单选题】根据《生产安全事故报告和调查处理条例》规定：造成 10 人及以上 30 人以下死亡，或者 50 人及以上 100 人以下重伤，或者 5000 万元及以上 1 亿元以下直接经济损失的事故属于（　　）。

A. 重伤事故　　　　　　　　　　B. 较大事故
C. 重大事故　　　　　　　　　　D. 死亡事故

6. 【单选题】某市地铁工程施工作业面内，因大量水和流沙涌入，引起部分结构损坏及周边地区地面沉降，造成 3 栋建筑物严重倾斜，直接经济损失约合 1.5 亿元。根据《生产安全事故报告和调查处理条例》规定，该事故等级属于（　　）。

A. 特别重大事故　　　　　　　　B. 重大事故
C. 较大事故　　　　　　　　　　D. 一般事故

7. 【单选题】以下关于安全事故调查的说法中，错误的是（　　）。

A. 重大事故由事故发生地省级人民政府负责调查

B. 较大事故的事故发生地与事故发生单位不在同一个县级以上行政区域的，由事故发生单位所在地的人民政府负责调查，事故发生地人民政府应当派人参加

C. 一般事故以下等级事故，可由县级人民政府直接组织事故调查，也可由上级人民政府组织事故调查

D. 特别重大事故由国务院或者国务院授权有关部门组织事故调查组进行调查

8. 【多选题】国务院《生产安全事故报告和调查处理条例》规定：根据生产安全事故造成的人员伤亡或者直接经济损失，以下事故等级分类正确的有（　　）。

A. 造成 120 人急性工业中毒的事故为特别重大事故

B. 造成 8000 万元直接经济损失的事故为重大事故

C. 造成 3 人死亡 800 万元直接经济损失的事故为一般事故

D. 造成 10 人死亡 35 人重伤的事故为较大事故

E. 造成 10 人死亡 35 人重伤的事故为重大事故

9. 【多选题】国务院《生产安全事故报告和调查处理条例》规定，事故一般分为以下（　　）等级。

A. 特别重大事故　　　　　　　　B. 重大事故
C. 大事故　　　　　　　　　　　D. 一般事故
E. 较大事故

【答案】1. ×；2. ×；3. ×；4. ×；5. C；6. A；7. B；8. ABE；9. ABDE

第三节 《建设工程安全生产管理条例》《建设工程质量管理条例》

考点 11：《建设工程安全生产管理条例》 ★●

教材点睛 教材 P16~P19

1. 立法目的：是为了加强建设工程安全生产监督管理，保障人民群众生命和财产安全。

2. 现行《建设工程安全生产管理条例》是 2004 年施行的。

3.《建设工程安全生产管理条例》关于施工单位的安全责任的有关规定

法规依据：《建设工程安全生产管理条例》第 20 条~第 38 条。

(1) 施工单位有关人员的安全责任

1) 施工单位主要负责人（法人及施工单位全面负责、有生产经营决策权的人）：依法对本单位的安全生产工作全面负责。

2) 施工单位的项目负责人（具有建造师执业资格的项目经理）：对建设工程项目的安全全面负责。

3) 专职安全生产管理人员（具有安全生产考核合格证书）：对安全生产进行现场监督检查。发现安全事故隐患，应当及时向项目负责人和安全生产管理机构报告；对于违章指挥、违章操作的，应当立即制止。

(2) 总承包单位和分包单位的安全责任：总承包单位对施工现场的安全生产负总责，分包单位应当服从总承包单位的安全生产管理；总承包单位和分包单位对分包工程的安全生产承担连带责任，但分包单位不服从管理导致生产安全事故的，由分包单位承担主要责任。

(3) 安全生产教育培训

1) 管理人员的考核：施工单位的主要负责人、项目负责人、专职安全生产管理人员应当经建设行政主管部门或者其他有关部门考核合格后方可任职。

2) 作业人员的安全生产教育培训：日常培训、新岗位培训、特种作业人员的专业培训。

(4) 施工单位应采取的安全措施：编制安全技术措施、施工现场临时用电方案和专项施工方案；实行安全施工技术交底；设置施工现场安全警示标志；采取施工现场安全防护措施；施工现场的布置应当符合安全和文明施工要求；采取周边环境防护措施；制定实施施工现场消防安全措施；加强安全防护设备、起重机械设备管理；为施工现场从事危险作业人员办理意外伤害保险。

巩固练习

1.【判断题】建设工程施工前，施工单位负责该项目管理的施工员应当对有关安全施工的技术要求向施工作业班组、作业人员做出详细说明，并由双方签字确认。　　（　　）

2.【判断题】施工技术交底的目的是使现场施工人员对安全生产有所了解，最大限度避免安全事故的发生。 （ ）

3.【判断题】施工单位应当在施工现场入口处、施工起重机械、临时用电设施、脚手架等危险部位，设置明显的安全警示标志。 （ ）

4.【单选题】以下关于专职安全生产管理人员的说法中，错误的是（ ）。

A. 施工单位安全生产管理机构的负责人及其工作人员属于专职安全生产管理人员

B. 施工现场专职安全生产管理人员属于专职安全生产管理人员

C. 专职安全生产管理人员是指经过建设单位安全生产考核合格取得安全生产考核证书的专职人员

D. 专职安全生产管理人员应当对安全生产进行现场监督检查

5.【单选题】下列安全生产教育培训中，不是施工单位必须做的是（ ）。

A. 施工单位的主要负责人的考核

B. 特种作业人员的专门培训

C. 作业人员进入新岗位前的安全生产教育培训

D. 监理人员的考核培训

6.【单选题】《特种设备安全监察条例》规定的施工起重机械，在验收前应当经有相应资质的检验检测机构监督检验合格。施工单位应当自施工起重机械和整体提升脚手架、模板等自升式架设设施验收合格之日起（ ）日内，向建设行政主管部门或者其他有关部门登记。

A. 15　　　　　　　　　　　　B. 30

C. 7　　　　　　　　　　　　D. 60

7.【多选题】以下关于总承包单位和分包单位的安全责任的说法中，正确的是（ ）。

A. 总承包单位应当自行完成建设工程主体结构的施工

B. 总承包单位对施工现场的安全生产负总责

C. 经业主认可，分包单位可以不服从总承包单位的安全生产管理

D. 分包单位不服从管理导致生产安全事故的，由总包单位承担主要责任

E. 总承包单位和分包单位对分包工程的安全生产承担连带责任

8.【多选题】根据《建设工程安全生产管理条例》，应编制专项施工方案，并附具安全验算结果的分部分项工程包括（ ）。

A. 深基坑工程　　　　　　　　B. 起重吊装工程

C. 模板工程　　　　　　　　　D. 楼地面工程

E. 脚手架工程

9.【多选题】施工单位应当根据论证报告修改完善专项方案，并经（ ）签字后，方可组织实施。

A. 施工单位技术负责人　　　　B. 总监理工程师

C. 项目监理工程师　　　　　　D. 建设单位项目负责人

E. 建设单位法人

10.【多选题】施工单位使用承租的机械设备和施工机具及配件的，由（ ）共同进行验收。

A. 施工总承包单位　　　　　　　　B. 出租单位

C. 分包单位　　　　　　　　　　　D. 安装单位

E. 建设监理单位

【答案】1. √；2. ×；3. √；4. C；5. D；6. B；7. ABE；8. ABCE；9. AB；10. ABCD

考点 12：《建设工程质量管理条例》★●

教材点晴　教材 P19～P21

1. 立法目的：是为了加强对建设工程质量的管理，保证建设工程质量，保护人民生命和财产安全。

2. 现行《建设工程质量管理条例》是 2019 年修订的。

3.《建设工程质量管理条例》关于施工单位的质量责任和义务的有关规定

法规依据：《建设工程质量管理条例》第 25 条～第 33 条。

（1）依法承揽工程：施工单位应依法取得相应等级的资质证书，在资质等级许可范围内承揽工程；禁止以超资质、挂靠、被挂靠等方式承揽工程；不得转包或者违法分包工程。

（2）施工单位的质量责任：施工单位对建设工程的施工质量负责。建设工程实行总承包的，总承包单位应当对全部建设工程质量负责；建设工程勘察、设计、施工、设备采购的一项或者多项实行总承包的，总承包单位应当对其承包的建设工程或者采购设备的质量负责；分包单位应当对其分包工程的质量向总承包单位负责，总承包单位与分包单位对分包工程的质量承担连带责任。

（3）施工单位的质量义务：按图施工；对建筑材料、构配件和设备进行检验的责任；对施工质量进行检验的责任；见证取样；保修责任。

巩固练习

1.【判断题】施工人员对涉及结构安全的试块、试件以及有关材料，应当在建设单位或者工程监理单位监督下现场取样，并送具有相应资质等级的质量检测单位进行检测。

（　　）

2.【判断题】在建设单位竣工验收合格前，施工单位应对质量问题履行返修义务。

（　　）

3.【单选题】某项目分期开工建设，开发商二期工程 3、4 号楼仍然复制使用一期工程施工图纸。施工时施工单位发现该图纸使用的 02 标准图集现已废止，按照《建设工程质量管理条例》的规定，施工单位正确的做法是（　　）。

A. 继续按图施工，因为按图施工是施工单位的本分

B. 按现行图集套改后继续施工

C. 及时向有关单位提出修改意见

D. 由施工单位技术人员修改图纸

4.【单选题】根据《建设工程质量管理条例》规定，施工单位应当对建筑材料、建筑

构配件、设备和商品混凝土进行检验,下列做法不符合规定的是(　　)。

A. 未经检验的,不得用于工程上

B. 检验不合格的,应当重新检验,直至合格

C. 检验要按规定的格式形成书面记录

D. 检验要有相关的专业人员签字

5.【单选题】根据有关法律法规有关工程返修的规定,下列说法正确的是(　　)。

A. 对施工过程中出现质量问题的建设工程,若非施工单位原因造成的,施工单位不负责返修

B. 对施工过程中出现质量问题的建设工程,无论是否施工单位原因造成的,施工单位都应负责返修

C. 对竣工验收不合格的建设工程,若非施工单位原因造成的,施工单位不负责返修

D. 对竣工验收不合格的建设工程,若是施工单位原因造成的,施工单位负责有偿返修

6.【多选题】以下各项中,属于施工单位应承担的质量责任和义务的有(　　)。

A. 建立质量保证体系

B. 按图施工

C. 对建筑材料、构配件和设备进行检验的责任

D. 组织竣工验收

E. 见证取样

【答案】1. √;2. √;3. C;4. B;5. B;6. ABCE

第四节　《劳动法》《劳动合同法》

考点 13:《劳动法》《劳动合同法》立法目的

教材点晴　教材 P21

1.《劳动法》立法目的:是为了保护劳动者的合法权益,调整劳动关系,建立和维护适应社会主义市场经济的劳动制度,促进经济发展和社会进步。现行《劳动法》是2018 年修订的。

2.《劳动合同法》立法目的:是为了完善劳动合同制度,明确劳动合同双方当事人的权利和义务,保护劳动者的合法权益,构建和发展和谐稳定的劳动关系。现行《劳动合同法》是 2012 年修订的。

考点 14:《劳动法》《劳动合同法》关于劳动合同和集体合同的有关规定★●

教材点晴　教材 P21~P26

法规依据:关于劳动合同的条文参见《劳动法》第 16 条~第 32 条,《劳动合同法》第 7 条~第 50 条;

关于集体合同的条文参见《劳动法》第 33 条~第 35 条,《劳动合同法》第 51 条~
第 56 条。

1. 劳动合同分类:固定期限劳动合同、无固定期限劳动合同和以完成一定工作任
务为期限的劳动合同。集体合同实际上是一种特殊的劳动合同。

2. 劳动合同的订立

(1) 劳动合同的类型:固定期限劳动合同、期限劳动合同、无固定期限劳动合同。

(2) 应当订立无固定期限劳动合同的情况:劳动者在该用人单位连续工作满 10 年
的;用人单位初次实行劳动合同制度或者国有企业改制重新订立劳动合同时,劳动者在
该用人单位连续工作满 10 年且距法定退休年龄不足 10 年的;同一单位连续订立两次固
定期限劳动合同的。

(3) 订立劳动合同的时间限制:建立劳动关系,应当订立书面劳动合同。

3. 劳动合同无效的情况

(1) 以欺诈、胁迫的手段或者乘人之危,使对方在违背真实意思的情况下订立或者
变更劳动合同的。

(2) 用人单位免除自己的法定责任、排除劳动者权利的。

(3) 违反法律、行政法规强制性规定的。

劳动合同部分无效,不影响其他部分效力的,其他部分仍然有效。

4. 集体合同的内容与订立

(1) 集体合同的主要内容包括:劳动报酬、工作时间、休息休假、劳动安全卫生、
保险福利等事项,也可以就劳动安全卫生、女职工权益保护、工资调整机制等事项订立
专项集体合同。

(2) 集体合同的签订人:工会代表职工或由职工推举的代表。

(3) 集体合同的效力:对企业和企业全体职工具有约束力。职工个人与企业订立的
劳动合同中劳动条件和劳动报酬等标准不得低于集体合同的规定。

(4) 集体合同争议的处理:因履行集体合同发生争议,经协商解决不成的,工会或
职工协商代表可以自劳动争议发生之日起 1 年内向劳动争议仲裁委员会申请劳动仲裁;
对劳动仲裁结果不服的,可以自收到仲裁裁决书之日起 15 日内向人民法院提起诉讼。

考点 15:《劳动法》关于劳动安全卫生的有关规定●

法规依据:《劳动法》第 52 条~第 57 条。

1. 劳动安全卫生的概念:指直接保护劳动者在劳动中的安全和健康的法律保护。

2. 用人单位和劳动者应当遵守的劳动安全卫生法律规定。【详见 P27】

1.【判断题】《劳动合同法》的立法目的，是为了完善劳动合同制度，建立和维护适应社会主义市场经济的劳动制度，明确劳动合同双方当事人的权利和义务，保护劳动者的合法权益，构建和发展和谐稳定的劳动关系。 （ ）

2.【判断题】用人单位和劳动者之间订立的劳动合同可以采用书面或口头形式。

（ ）

3.【判断题】已建立劳动关系，未同时订立书面劳动合同的，应当自用工之日起一个月内订立书面劳动合同。 （ ）

4.【判断题】用人单位违反集体合同，侵犯职工劳动权益的，职工可以要求用人单位承担责任。 （ ）

5.【单选题】下列社会关系中，属于《劳动法》调整的劳动关系的是（ ）。

A. 施工单位与某个体经营者之间的加工承揽关系

B. 劳动者与施工单位之间在劳动过程中发生的关系

C. 家庭雇佣劳动关系

D. 社会保险机构与劳动者之间的关系

6.【单选题】2005年2月1日小李经过面试合格后并与某建筑公司签订了为期5年的用工合同，并约定了试用期，则试用期最迟至（ ）。

A. 2005年2月28日   B. 2005年5月31日

C. 2005年8月1日   D. 2006年2月1日

7.【单选题】甲建筑材料公司聘请王某担任推销员，双方签订劳动合同，合同中约定如果王某完成承包标准，每月基本工资1000元，超额部分按40%提成，若不完成任务，可由公司扣减工资。下列选项中表述正确的是（ ）。

A. 甲建筑材料公司不得扣减王某工资

B. 由于在试用期内，所以甲建筑材料公司的做法是符合《劳动合同法》规定的

C. 甲公司可以扣发王某的工资，但是不得低于用人单位所在地的最低工资标准

D. 试用期内的工资不得低于本单位相同岗位的最低档工资

8.【单选题】贾某与乙建筑公司签订了一份劳动合同，在合同尚未期满时，贾某拟解除劳动合同。根据规定，贾某应当提前（ ）日以书面形式通知用人单位。

A. 3   B. 15

C. 15   D. 30

9.【单选题】在下列情形中，用人单位可以解除劳动合同，但应当提前30天以书面形式通知劳动者本人的是（ ）。

A. 小王在试用期内迟到早退，不符合录用条件

B. 小李因盗窃被判刑

C. 小张在外出执行任务时负伤，失去左腿

D. 小吴下班时间酗酒摔伤住院，出院后不能从事原工作也拒不从事单位另行安排的工作

10.【单选题】按照《劳动合同法》的规定，在下列选项中，用人单位提前30日以书

面形式通知劳动者本人或额外支付 1 个月工资后可以解除劳动合同的情形是（ ）。

    A. 劳动者患病或非工负伤在规定的医疗期满后不能胜任原工作的

    B. 劳动者试用期间被证明不符合录用条件的

    C. 劳动者被依法追究刑事责任的

    D. 劳动者不能胜任工作，经培训或调整岗位仍不能胜任工作的

11.【单选题】王某应聘到某施工单位，双方于 4 月 15 日签订为期 3 年的劳动合同，其中约定试用期 3 个月，次日合同开始履行，7 月 18 日，王某拟解除劳动合同，则（ ）。

    A. 必须取得用人单位同意

    B. 口头通知用人单位即可

    C. 应提前 30 日以书面形式通知用人单位

    D. 应报请劳动行政主管部门同意后以书面形式通知用人单位

12.【单选题】2013 年 1 月，甲建筑材料公司聘请王某担任推销员，但 2013 年 3 月，由于王某怀孕，身体健康状况欠佳，未能完成任务，为此，公司按合同的约定扣减工资，只发生活费，其后，又有两个月均未能完成承包任务，因此，甲公司解除与王某的劳动合同。下列选项中表述正确的是（ ）。

    A. 由于在试用期内，甲公司可以随时解除劳动合同

    B. 由于王某不能胜任工作，甲公司应提前 30 日通知王某，解除劳动合同

    C. 甲公司可以支付王某一个月工资后解除劳动合同

    D. 由于王某在怀孕期间，所以甲公司不能解除劳动合同

13.【多选题】无效的劳动合同，从订立的时候起，就没有法律约束力。下列属于无效劳动合同的有（ ）。

    A. 报酬较低的劳动合同

    B. 违反法律、行政法规强制性规定的劳动合同

    C. 采用欺诈、威胁等手段订立的严重损害国家利益的劳动合同

    D. 未规定明确合同期限的劳动合同

    E. 劳动内容约定不明确的劳动合同

14.【多选题】关于劳动合同变更，下列表述中正确的有（ ）。

    A. 用人单位与劳动者协商一致，可变更劳动合同的内容

    B. 变更劳动合同只能在合同订立之后、尚未履行之前进行

    C. 变更后的劳动合同文本由用人单位和劳动者各执一份

    D. 变更劳动合同，应采用书面形式

    E. 建筑公司可以单方变更劳动合同，变更后劳动合同有效

15.【多选题】根据《劳动合同法》，劳动者有下列（ ）情形之一的，用人单位可随时解除劳动合同。

    A. 在试用期间被证明不符合录用条件的

    B. 严重失职，营私舞弊，给用人单位造成重大损害的

    C. 劳动者不能胜任工作，经过培训或者调整工作岗位，仍不能胜任工作的

    D. 劳动者患病，在规定的医疗期满后不能从事原工作，也不能从事由用人单位另行

安排的工作的

E. 被依法追究刑事责任

16.【多选题】某建筑公司发生以下事件：职工李某因工负伤而丧失劳动能力；职工王某因盗窃自行车一辆而被公安机关给予行政处罚；职工徐某因与他人同居而怀孕；职工陈某被派往境外逾期未归；职工张某因工程重大安全事故罪被判刑。对此，建筑公司可以随时解除劳动合同的有（　　）。

A. 李某
B. 王某

C. 徐某
D. 陈某

E. 张某

17.【多选题】下列情形中，用人单位不得解除劳动合同的有（　　）。

A. 劳动者被依法追究刑事责任

B. 女职工在孕期、产期、哺乳期

C. 患病或者非因工负伤，在规定的医疗期内的

D. 因工负伤被确认丧失或者部分丧失劳动能力

E. 劳动者不能胜任工作，经过培训，仍不能胜任工作

18.【多选题】下列情况中，劳动合同终止的有（　　）。

A. 劳动者开始依法享受基本养老待遇

B. 劳动者死亡

C. 用人单位名称发生变更

D. 用人单位投资人变更

E. 用人单位被依法宣告破产

【答案】1. ×；2. ×；3. √；4. ×；5. B；6. C；7. C；8. D；9. D；10. D；11. C；12. D；13. BC；14. ACD；15. ABE；16. DE；17. BCD；18. ABE

第二章 建 筑 材 料

第一节 无机胶凝材料

考点 16：无机胶凝材料的分类及特性★

教材点睛 教材 P28~P29

无机胶凝材料类型	适用环境	代表材料
气硬性胶凝材料	只适用于干燥环境	石灰、石膏、水玻璃
水硬性胶凝材料	既适用于干燥环境，也适用于潮湿环境及水中工程	水泥

考点 17：通用水泥的特性、主要技术性质及应用★●

教材点睛 教材 P29~P32

1. 通用水泥的特性及应用：【详见 P29 表 2-2】。

2. 通用水泥的主要技术性质包括：细度、标准稠度及其用水量、凝结时间、体积安定性、强度、水化热。

3. 特性水泥的分类、特性及应用

（1）快硬硅酸盐水泥（快硬水泥）：硅酸盐水泥熟料加适量石膏磨细制成。

1）适用范围：可用于紧急抢修工程、低温施工工程等，可配制成早强、高等级混凝土。

2）优缺点：凝结硬化快，早期强度增长率高。快硬水泥易受潮变质，故储运时须特别注意防潮，并应及时使用，不宜久存，出厂超过 1 个月，应重新检验，合格后方可使用。

（2）白色硅酸盐水泥（白水泥）、彩色硅酸盐水泥（彩色水泥）。

1）白水泥组成：以白色硅酸盐水泥熟料，加入适量石膏，经磨细制成的水硬性胶凝材料。

2）彩色水泥组成：①在白水泥的生料中加入少量金属氧化物，直接烧成彩色水泥熟料，然后再加适量石膏磨细而成。②为白水泥熟料、适量石膏及碱性颜料共同磨细而成。

3）适用范围：主要用于建筑物内外的装饰。配以大理石、白云石石子和石英砂等粗细骨料，可以拌制成彩色砂浆和混凝土，做成彩色水磨石、水刷石等。

（3）膨胀水泥：以适当比例的硅酸盐水泥或普通硅酸盐水泥、铝酸盐水泥等和天然二水石膏磨制而成的膨胀性的水硬性胶凝材料。

教材点睛 教材 P29～P32(续)

1) 我国常用的膨胀水泥有：硅酸盐、铝酸盐、硫铝酸及铁铝酸盐膨胀水泥等。

2) 适用范围：主要用于收缩补偿混凝土工程，防渗混凝土（屋顶、水池等防渗），防渗砂浆，结构的加固，构件接缝、接头的灌浆，固定设备的基座及地脚螺栓等。

巩固练习

1.【判断题】气硬性胶凝材料只能在空气中凝结、硬化、保持和发展强度，一般只适用于干燥环境，不宜用于潮湿环境与水中，那么水硬性胶凝材料则只能适用于潮湿环境与水中。 （ ）

2.【判断题】通常将水泥、矿物掺合料、粗细骨料、水和外加剂按一定的比例配制而成的、干表观密度为 2000～3000kg/m³ 的混凝土称为普通混凝土。 （ ）

3.【单选题】下列属于水硬性胶凝材料的是（ ）。

A. 石灰
B. 石膏
C. 水泥
D. 水玻璃

4.【单选题】气硬性胶凝材料一般只适用于（ ）环境中。

A. 干燥
B. 干湿交替
C. 潮湿
D. 水中

5.【单选题】下列不属于按用途和性能对水泥分类的是（ ）。

A. 通用水泥
B. 专用水泥
C. 特性水泥
D. 多用水泥

6.【单选题】下列关于建筑工程常用的特性水泥的特性及应用的表述中，不正确的是（ ）。

A. 白水泥和彩色水泥主要用于建筑物室内外的装饰

B. 膨胀水泥主要用于收缩补偿混凝土工程，防渗混凝土，防渗砂浆，结构的加固，构件接缝、接头的灌浆，固定设备的基座及地脚螺栓等

C. 快硬水泥易受潮变质，故储运时须特别注意防潮，并应及时使用，不宜久存，出厂超过 3 个月，应重新检验，合格后方可使用

D. 快硬硅酸盐水泥可用于紧急抢修工程、低温施工工程等，可配制成早强、高等级混凝土

7.【多选题】下列关于通用水泥的特性及应用的基本规定中，表述正确的是（ ）。

A. 复合硅酸盐水泥适用于早期强度要求高的工程及冬期施工的工程

B. 矿渣硅酸盐水泥适用于大体积混凝土工程

C. 粉煤灰硅酸盐水泥适用于有抗渗要求的工程

D. 火山灰质硅酸盐水泥适用于抗裂性要求较高的构件

E. 硅酸盐水泥适用于严寒地区反复遭受冻融循环作用的混凝土工程

8.【多选题】下列属于通用水泥的主要技术指标的是（ ）。

A. 细度
B. 凝结时间

C. 黏聚性 　　　　　　　　　　D. 体积安定性

E. 水化热

【答案】1. ×；2. ×；3. C；4. A；5. D；6. C；7. BE；8. ABDE

第二节　混　凝　土

考点18：普通混凝土★

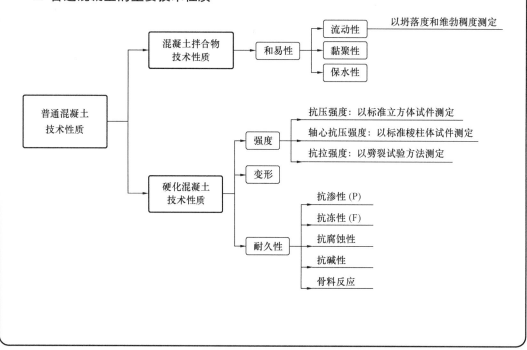

教材点睛 教材 P32～P34

1. 普通混凝土（干表观密度为 2000～2800kg/m³）的分类

普通混凝土分类一览表

按用途分类	结构混凝土、抗渗混凝土、抗冻混凝土、大体积混凝土、水工混凝土、耐热混凝土、耐酸混凝土、装饰混凝土等	普通混凝土广泛用于建筑、桥梁、道路、水利、码头、海洋等工程
按强度等级分类	普通强度混凝土（<C60）、高强混凝土（≥C60）、超高强混凝土（≥C100）	
按施工工艺分类	喷射混凝土、泵送混凝土、碾压混凝土、压力灌浆混凝土、离心混凝土、真空脱水混凝土	

2. 普通混凝土的主要技术性质

3. 普通混凝土的组成材料及其主要技术要求

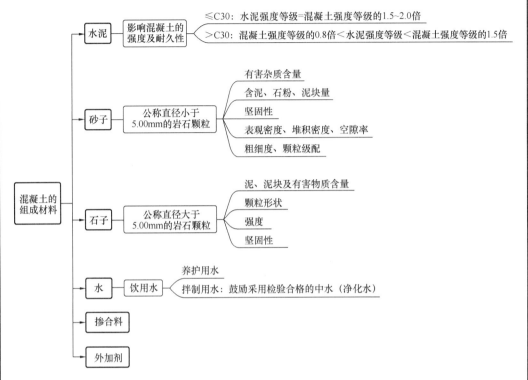

4. 混凝土配合比的概念

（1）我国目前混凝土配合比采用质量比。

（2）常用配合比有两种表示方法：①以 1m³ 混凝土中各种材料的质量表示；②以水泥（水泥质量为 1）、砂、石子的相对质量比和水灰比表示。

（3）实验室配合比是以干燥材料为基准得出；根据现场材料的实际称重量修正后，得到施工配合比。

（4）外加剂和掺合料的掺量，应依据国家标准掺量，结合材料的实际性能进行确定。

巩固练习

1.【判断题】混凝土立方体抗压强度标准值系指按照标准方法制成边长为 150mm 的标准立方体试件，在标准条件（温度 20℃±2℃，相对湿度为 95％以上）下养护 28d，然后采用标准试验方法测得的极限抗压强度值。　　　　　　　　　　　　　（　　）

2.【判断题】混凝土的轴心抗压强度是采用 150mm×150mm×500mm 棱柱体作为标准试件，在标准条件（温度 20℃±2℃，相对湿度为 95％以上）下养护 28d，采用标准试验方法测得的抗压强度值。　　　　　　　　　　　　　　　　　　　（　　）

3.【判断题】我国目前采用劈裂试验方法测定混凝土的抗拉强度。劈裂试验方法是采用边长为150mm的立方体标准试件，按规定的劈裂拉伸试验方法测定的混凝土的劈裂抗拉强度。　　　　　　　　　　　　　　　　　　　　　　　　　　　　　（　　）

4.【判断题】混凝土外加剂按照其主要功能分为高性能减水剂、高效减水剂、普通减水剂、引气减水剂、泵送剂、早强剂、缓凝剂和引气剂共八类。　　　　（　　）

5.【判断题】混凝土配合比采用质量比或体积比，我国目前采用质量比。　（　　）

6.【单选题】下列关于普通混凝土的分类方法错误的是（　　）。

A. 按用途分为结构混凝土、抗渗混凝土、抗冻混凝土、大体积混凝土、水工混凝土、耐热混凝土、耐酸混凝土、装饰混凝土等

B. 按强度等级分为普通强度混凝土、高强混凝土、超高强混凝土

C. 按强度等级分为低强度混凝土、普通强度混凝土、高强混凝土、超高强混凝土

D. 按工艺分为喷射混凝土、泵送混凝土、碾压混凝土、压力灌浆混凝土、离心混凝土、真空脱水混凝土

7.【单选题】下列关于混凝土耐久性的相关表述中，正确的是（　　）。

A. 抗渗等级是以28d龄期的标准试件，用标准试验方法进行试验，以每组八个试件，六个试件未出现渗水时，所能承受的最大静水压来确定

B. 主要包括抗渗性、抗冻性、耐久性、抗碳化、抗碱骨料反应等方面

C. 抗冻等级是28d龄期的混凝土标准试件，在浸水饱和状态下，进行冻融循环试验，以抗压强度损失不超过20％，同时质量损失不超过10％时，所能承受的最大冻融循环次数来确定

D. 当工程所处环境存在侵蚀介质时，对混凝土必须提出耐久性要求

8.【单选题】下列关于膨胀剂、防冻剂、泵送剂、速凝剂的相关说法中，有误的是（　　）。

A. 膨胀剂是能使混凝土产生一定体积膨胀的外加剂

B. 常用防冻剂有氯盐类、氯盐阻锈类、氯盐与阻锈剂为主复合的外加剂、硫酸盐类

C. 泵送剂是改善混凝土泵送性能的外加剂

D. 速凝剂主要用于喷射混凝土、堵漏等

9.【多选题】下列关于普通混凝土的组成材料及其主要技术要求的相关说法中，正确的是（　　）。

A. 一般情况下，配制中、低强度的混凝土时，水泥强度等级为混凝土强度等级的1.0～1.5倍

B. 天然砂的坚固性用硫酸钠溶液法检验，砂样经5次循环后其质量损失应符合国家标准的规定

C. 和易性一定时，采用粗砂配制混凝土，可减少拌合用水量，节约水泥用量

D. 按水源不同分为饮用水、地表水、地下水、海水及工业废水

E. 混凝土用水应优先采用符合国家标准的饮用水

10.【多选题】混凝土配合比的表示方法有（　　）。

A. 以混凝土中各种材料的质量表示

B. 以1m³混凝土中各种材料的质量表示

C. 以水泥、砂子、石子的相对质量比，以砂子的质量为1

D. 以水泥（水泥质量为1）、砂、石子的相对质量比和水灰比表示

E. 以水灰比表示

【答案】1. √；2. ×；3. √；4. √；5. √；6. C；7. B；8. B；9. BCE；10. BD

考点19：轻混凝土、高性能混凝土、预拌混凝土★●

教材点睛 教材 P36～P37

1. 轻混凝土

（1）轻混凝土的分类

（2）轻混凝土的主要特性：表观密度小、保温性能良好、耐火性能良好、力学性能良好、易于加工。

（3）适用范围：主要用于非承重的墙体及保温、隔声材料。轻骨料混凝土还可用于承重结构，以达到减轻自重的目的。

2. 高性能混凝土

（1）高性能混凝土主要特性：具有一定的强度和高抗渗能力；具有良好的工作性，耐久性好，具有较高的体积稳定性（早期水化热低、后期收缩变形小）。

（2）适用范围：桥梁工程、高层建筑、工业厂房、港口及海洋工程、水工结构等工程。

3. 预拌混凝土（商品混凝土）

预拌混凝土设备利用率高、计量准确、产品质量好、材料消耗少、工效高、成本较低，又能改善劳动条件，减少环境污染。

巩固练习

1.【判断题】轻混凝土主要用于非承重的墙体及保温、隔声材料。　　　　（　　）

2.【单选题】下列不属于高性能混凝土主要特性的是（　　）。

A. 具有一定的强度和高抗渗能力　　　　B. 具有良好的工作性

C. 力学性能良好　　　　　　　　　　　D. 具有较高的体积稳定性

3.【单选题】轻混凝土干表观密度是（　　）kg/m³。

A. ＜1000　　　　B. ＜1200　　　　C. ＜1500　　　　D. ＜2000

4.【多选题】预拌混凝土（商品混凝土）的特点有（　　）。

A. 设备利用率高　　　　　　　　　　　B. 成本较低

C. 改善劳动条件

D. 材料消耗大

E. 减少环境污染

【答案】1. √；2. C；3. D；4. ABCE

考点20：常用混凝土外加剂的品种及应用★

教材点睛 教材 P37～P39

1. 混凝土外加剂的分类及主要功能

外加剂分类及主要功能	代表外加剂名称
改善混凝土拌合物流变性的外加剂	减水剂、泵送剂等
调节混凝土凝结时间、硬化性能的外加剂	缓凝剂、速凝剂、早强剂等
改善混凝土耐久性的外加剂	引气剂、防水剂、阻锈剂和矿物外加剂等
改善混凝土其他性能的外加剂	加气剂、膨胀剂、防冻剂和着色剂等

2. 混凝土外加剂常用品种：减水剂、早强剂、氯盐类早强剂、硫酸盐类早强剂、缓凝剂、引气剂、膨胀剂、防冻剂、泵送剂、速凝剂（用于喷射混凝土、堵漏等）。

巩固练习

1.【判断题】混凝土外加剂按照其主要功能分为高性能减水剂、高效减水剂、普通减水剂、引气减水剂、泵送剂、早强剂、缓凝剂和引气剂共八类。 （ ）

2.【单选题】下列不属于常用早强剂的是( )。

A. 氯盐类早强剂

B. 硝酸盐类早强剂

C. 硫酸盐类早强剂

D. 有机胺类早强剂

3.【单选题】改善混凝土拌合物和易性的外加剂是( )。

A. 缓凝剂

B. 早强剂

C. 引气剂

D. 速凝剂

4.【单选题】下列关于膨胀剂、防冻剂、泵送剂、速凝剂的相关说法中，错误的是( )。

A. 膨胀剂是能使混凝土产生一定体积膨胀的外加剂

B. 常用防冻剂有氯盐类、氯盐阻锈类、氯盐与阻锈剂为主复合的外加剂、硫酸盐类

C. 泵送剂是改善混凝土泵送性能的外加剂

D. 速凝剂主要用于喷射混凝土、堵漏等

5.【多选题】下列属于减水剂的是( )。

A. 高效减水剂

B. 早强减水剂

C. 复合减水剂

D. 缓凝减水剂

E. 泵送减水剂

6.【多选题】混凝土缓凝剂主要用于( )的施工。

A. 高温季节混凝土

B. 蒸养混凝土

C. 大体积混凝土

D. 滑模工艺混凝土

E. 商品混凝土

7.【多选题】混凝土引气剂适用于（　　　）的施工。

A. 蒸养混凝土　　　　　　　　　　B. 大体积混凝土

C. 抗冻混凝土　　　　　　　　　　D. 防水混凝土

E. 泌水严重的混凝土

【答案】 1. √；2. B；3. C；4. B；5. ABD；6. ACD；7. CDE

第三节　砂　浆

考点 21：砂浆 ★●

教材点睛　教材 P39～P42

1. 砂浆的分类、特性及应用

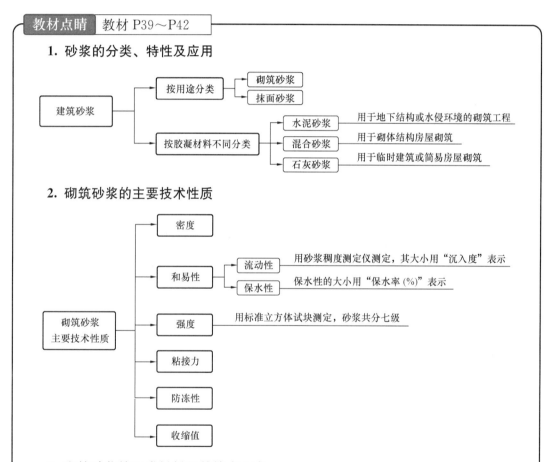

2. 砌筑砂浆的主要技术性质

3. 砌筑砂浆的组成材料及其技术要求

（1）胶凝材料（水泥）

1）常用水泥品种：普通水泥、矿渣水泥、火山灰水泥、粉煤灰水泥和砌筑水泥等。

2）根据砂浆品种及强度等级选用水泥品种：M15 及以下强度等级的砌筑砂浆宜选用 42.5 级通用硅酸盐水泥或砌筑水泥；M15 以上强度等级的砌筑砂浆宜选用 42.5 级通用硅酸盐水泥。

(2) 细骨料（砂）：除毛石砌体宜选用粗砂外，其他一般宜选用中砂。砂的含泥量不应超过5%。

(3) 水：选用不含有害杂质的洁净水来拌制砂浆。

(4) 掺加料有：石灰膏（严禁使用脱水硬化的石灰膏）、电石膏（没有乙炔气味后，方可使用）、粉煤灰。【消石灰粉不得直接用于砌筑砂浆中】

(5) 常用的外加剂有：有机塑化剂、引气剂、早强剂、缓凝剂、防冻剂等。

4. 抹面砂浆的分类及应用

(1) 抹面砂浆（抹灰砂浆）的作用：保护墙体不受风雨、潮气等侵蚀，提高墙体的耐久性；也可使建筑表面平整、光滑、清洁美观。

(2) 按使用要求不同可分为：普通抹面砂浆、装饰砂浆和具有特殊功能的抹面砂浆（如防水砂浆、耐酸砂浆、绝热砂浆、吸声砂浆等）。

(3) 普通抹面砂浆

1) 常用的普通抹面砂浆有：水泥砂浆、水泥石灰砂浆、水泥粉煤灰砂浆、掺塑化剂水泥砂浆、聚合物水泥砂浆、石膏砂浆。

2) 抹面砂浆施工通常分为底层、中层和面层施工。各层抹面砂浆配合比及用料，需根据其作用、要求、部位、环境及材料品种等因素确定。

5. 装饰砂浆

(1) 材料组成：胶凝材料采用白水泥和彩色水泥，以及石灰、石膏等。细骨料常用大理石、花岗石等带颜色的细石渣或玻璃、陶瓷碎粒等。

(2) 装饰砂浆常用的工艺做法包括：水刷石、水磨石、斩假石、拉毛等。

巩固练习

1.【判断题】M15 以上强度等级的砌筑砂浆宜选用 42.5 级通用硅酸盐水泥。（　　）

2.【单选题】下列关于砂浆与水泥的说法，错误的是（　　）。

A. 根据胶凝材料的不同，建筑砂浆可分为石灰砂浆、水泥砂浆和混合砂浆

B. 水泥属于水硬性胶凝材料，因而只能在潮湿环境与水中凝结、硬化、保持和发展强度

C. 水泥砂浆强度高、耐久性和耐火性好，常用于地下结构或经常受水侵蚀的砌体部位

D. 水泥按其用途和性能可分为通用水泥、专用水泥以及特性水泥

3.【单选题】下列关于砌筑砂浆主要技术性质的说法，错误的是（　　）。

A. 砌筑砂浆的技术性质主要包括新拌砂浆的密度、和易性、硬化砂浆强度等指标

B. 流动性的大小用"沉入度"表示，通常用砂浆稠度测定仪测定

C. 砂浆流动性的选择与砌筑种类、施工方法及天气情况有关。流动性过大，砂浆太稀，不仅铺砌难，而且硬化后强度降低；流动性过小，砂浆太稠，难于铺平

D. 砂浆的强度是以 5 个 $150mm \times 150mm \times 150mm$ 的立方体试块，在标准条件下养

护 28d 后，用标准方法测得的抗压强度（MPa）算术平均值来评定的

4.【单选题】下列关于砌筑砂浆的组成材料及其技术要求的说法，正确的是（   ）。

A. M15 及以下强度等级的砌筑砂浆宜选用 42.5 级通用硅酸盐水泥或砌筑水泥

B. 砌筑砂浆常用的细骨料为普通砂，砂的含泥量不应超过 5%

C. 生石灰熟化成石灰膏时，熟化时间不得少于 7d；磨细生石灰粉的熟化时间不得少于 3d

D. 制作电石膏的电石渣应用孔径不大于 3mm×3mm 的网过滤，检验时应加热至 70℃并保持 60min

5.【单选题】下列关于抹面砂浆分类及应用的说法，错误的是（   ）。

A. 常用的普通抹面砂浆有水泥砂浆、水泥石灰砂浆、水泥粉煤灰砂浆、掺塑化剂水泥砂浆等

B. 为了保证抹灰表面的平整，避免开裂和脱落，抹面砂浆通常分为底层、中层和面层

C. 装饰砂浆与普通抹面砂浆的主要区别在中层和面层

D. 装饰砂浆常用的胶凝材料有白水泥和彩色水泥，以及石灰、石膏等

6.【多选题】装饰砂浆常用的工艺做法有（   ）。

A. 搓毛   B. 拉毛
C. 斩假石   D. 水磨石
E. 水刷石

【答案】1.√；2.B；3.D；4.B；5.C；6.BCDE

第四节　石材、砖和砌块

考点 22：石材、砖和砌块 ★●

教材点睛　教材 P42～P47

1. 砌筑用石材的分类及应用

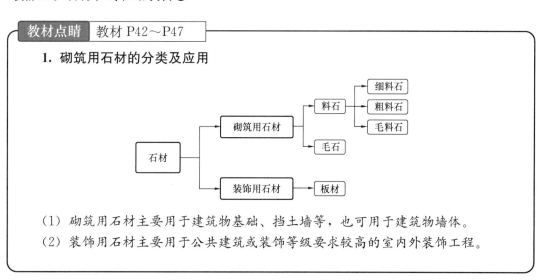

（1）砌筑用石材主要用于建筑物基础、挡土墙等，也可用于建筑物墙体。

（2）装饰用石材主要用于公共建筑或装饰等级要求较高的室内外装饰工程。

2. 砖的分类、主要技术要求及应用

(1) 烧结砖品种及用途

1) 烧结普通砖：主要用于砌筑建筑物的内墙、外墙、柱、烟囱和窑炉。目前，禁止使用黏土实心砖，可使用黏土多孔砖和空心砖。

2) 烧结多孔砖：优等品可用于墙体装饰和清水墙砌筑，一等品和合格品可用于混水墙，中等泛霜的砖不得用于潮湿部位。

3) 烧结空心砖：多层建筑内隔墙或框架结构的填充墙等。

(2) 非烧结砖的用途

常用的非烧结砖有：蒸压灰砂砖、蒸压粉煤灰砖、炉渣砖、混凝土砖，均可用于工业与民用建筑的墙体和基础砌筑。除混凝土砖以外，均不得用于长期受热200℃以上、受急冷急热或有侵蚀的环境。

3. 砌块的分类、主要技术要求及应用

(1) 目前我国常用的砌块有：蒸压加气混凝土砌块、普通混凝土小型空心砌块、石膏砌块等。

(2) 蒸压加气混凝土砌块：适用于低层建筑的承重墙，多层建筑和高层建筑的隔离墙、填充墙及工业建筑物的围护墙体和绝热墙体。

(3) 普通混凝土小型空心砌块：建筑体系比较灵活，砌筑方便，主要用于建筑的内外墙体。

巩固练习

1.【判断题】砌筑用石材主要用于建筑物基础、挡土墙等。 (　　)

2.【单选题】下列关于烧结砖的分类、主要技术要求及应用的相关说法中，正确的是(　　)。

A. 强度、抗风化性能和放射性物质合格的烧结普通砖，根据尺寸偏差、外观质量、泛霜和石灰爆裂等指标，分为优等品、一等品、合格品三个等级

B. 强度和抗风化性能合格的烧结空心砖，根据尺寸偏差、外观质量、孔型及孔洞排列、泛霜、石灰爆裂等指标，分为优等品、一等品、合格品三个等级

C. 烧结多孔砖主要用作非承重墙，如多层建筑内隔墙或框架结构的填充墙

D. 烧结空心砖在对安全性要求低的建筑中，可以用于承重墙体

3.【单选题】砌筑用石材分类不包括(　　)。

A. 毛料石   B. 细料石

C. 板材   D. 粗料石

4.【单选题】砌墙砖按规格、孔洞率及孔的大小分类不包括(　　)。

A. 空心砖   B. 多孔砖

C. 实心砖   D. 普通砖

5.【单选题】按有无孔洞，砌块可分为实心砌块和空心砌块，空心砌块的空心

率(   )。

  A.≥10%   B.≥15%

  C.≥20%   D.≥25%

6.【多选题】下列关于砌筑用石材的分类及应用的相关说法中，正确的是(   )。

A. 装饰用石材主要为板材

B. 细料石通过细加工，外形规则，叠砌面凹入深度不应大于10mm，截面的宽度、高度不应小于200mm，且不应小于长度的1/4

C. 毛料石外形大致方正，一般不加工或稍加修整，高度不应小于200mm，叠砌面凹入深度不应大于20mm

D. 毛石指形状不规则，中部厚度不小于300mm的石材

E. 装饰用石材主要用于公共建筑或装饰等级要求较高的室内外装饰工程

【答案】1.√；2. A；3. C；4. C；5. D；6. ABE

第五节 钢 材

考点 23：钢材的分类及主要技术性能★●

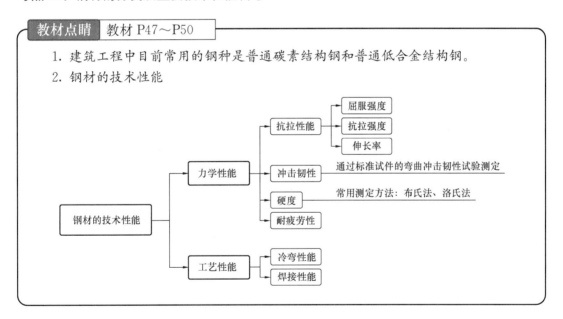

教材点睛 教材 P47~P50

 1. 建筑工程中目前常用的钢种是普通碳素结构钢和普通低合金结构钢。

 2. 钢材的技术性能

考点 24：钢结构用钢材的品种及特性★

教材点睛 教材 P50~P52

 1. 建筑钢结构用钢材分为：碳素结构钢和低合金高强度结构钢两种。

 2. 钢结构用钢材主要是型钢和钢板。型钢和钢板的成型有热轧和冷轧两种。

3. 常用的热轧型钢有：角钢、工字钢、槽钢、H 型钢等。

（1）工字钢广泛应用于各种建筑结构和桥梁，主要用于承受横向弯曲（腹板平面内受弯）的杆件，但不宜单独用作轴心受压构件或双向弯曲的构件。

（2）槽钢主要用于承受轴向力的杆件、承受横向弯曲的梁以及联系杆件。用于建筑钢结构、车辆制造等。

（3）宽翼缘和中翼缘 H 型钢适用于钢柱等轴心受压构件，窄翼缘 H 型钢适用于钢梁等受弯构件。

4. 冷弯薄壁型钢的类型有：C 型钢、U 型钢、Z 型钢、带钢、镀锌带钢、镀锌卷板、镀锌 C 型钢、镀锌 U 型钢、镀锌 Z 型钢。可用作钢架、桁架、梁、柱等主要承重构件，也被用作屋面檩条、墙架梁柱、龙骨、门窗、屋面板、墙面板、楼板等次要构件和围护结构。

5. 钢板按轧制方式可分为热轧钢板和冷轧钢板。①热轧碳素结构钢厚板，是钢结构的主要用钢材。②低合金高强度结构钢厚板，用于重型结构、大跨度桥梁和高压容器等。③薄板用于屋面、墙面或轧型板原料等。

巩固练习

1.【判断题】低碳钢拉伸时，从受拉至拉断，经历的四个阶段为：弹性阶段，强化阶段，屈服阶段和颈缩阶段。　　　　　　　　　　　　　　　　　　　　　（　　）

2.【判断题】冲击韧性指标是通过标准试件的弯曲冲击韧性试验确定的。　　（　　）

3.【判断题】钢板按轧制方式可分为热轧钢板、冷轧钢板和低温轧板。　　（　　）

4.【单选题】下列关于钢材的分类的相关说法，不正确的是（　　）。

A. 按化学成分合金钢分为低合金钢、中合金钢和高合金钢

B. 按质量分为普通钢、优质钢和高级优质钢

C. 含碳量为 0.2%～0.5% 的碳素钢为中碳钢

D. 按脱氧程度分为沸腾钢、镇静钢和特殊镇静钢

5.【单选题】下列关于钢结构用钢材的相关说法，正确的是（　　）。

A. 工字钢主要用于承受轴向力的杆件、承受横向弯曲的梁以及联系杆件

B. Q235A 代表屈服强度为 $235N/mm^2$，A 级，沸腾钢

C. 低合金高强度结构钢均为镇静钢或特殊镇静钢

D. 槽钢主要用于承受横向弯曲的杆件，但不宜单独用作轴心受压构件或双向弯曲的构件

6.【多选题】下列关于钢材的技术性能的相关说法，正确的是（　　）。

A. 钢材最重要的使用性能是力学性能

B. 伸长率是衡量钢材塑性的一个重要指标，δ 越大说明钢材的塑性越好

C. 常用的测定硬度的方法有布氏法和洛氏法

D. 钢材的工艺性能主要包括冷弯性能、焊接性能、冷拉性能、冷拔性能、冲击韧性等

E. 钢材可焊性的好坏，主要取决于钢的化学成分，含碳量高将增加焊接接头的硬脆性，含碳量小于 0.2% 的碳素钢具有良好的可焊性

7.【多选题】冷弯薄壁型钢可用于（　　）构件。

A. 桁架承重构件 　　　　　　B. 千斤顶

C. 围护结构 　　　　　　　　D. 龙骨

E. 屋面檩条

【答案】1. ×；2. √；3. ×；4. C；5. C；6. ABC；7. ACDE

考点 25：钢筋混凝土结构用钢材的品种及特性 ★●

教材点睛 教材 P52～P54

1. 钢筋混凝土结构用钢材：主要是由碳素结构钢和低合金结构钢轧制而成的各种钢筋。常用的是热轧钢筋、预应力混凝土用钢丝和钢绞线。

2. 热轧钢筋：分为光圆钢筋和带肋钢筋两大类。

(1) 热轧光圆钢筋：塑性及焊接性能很好，但强度较低，广泛用于钢筋混凝土结构的构造筋。

(2) 热轧带肋钢筋：延性、可焊性、机械连接性能和锚固性能均较好，且其 400MPa、500MPa 级钢筋的强度高，实际工程中主要用作结构构件中的受力主筋、箍筋等。

3. 预应力混凝土用钢丝

(1) 分类：按加工状态分为冷拉钢丝和消除应力钢丝两类。

(2) 优点：抗拉强度比钢筋混凝土用热轧光圆钢筋、热轧带肋钢筋高很多，在构件中采用预应力钢丝可节省钢材、减少构件截面和节省混凝土。

(3) 适用范围：预应力钢丝主要用于桥梁、吊车梁、大跨度屋架和管桩等预应力钢筋混凝土构件中。

4. 钢绞线

(1) 预应力钢绞线按捻制结构分为五类。

(2) 优点：强度高、柔度好，质量稳定，与混凝土粘结力强，易于锚固，成盘供应不需接头等。

(3) 适用范围：大跨度、大负荷的桥梁、电杆、轨枕、屋架、大跨度吊车梁等结构的预应力筋。

巩固练习

1.【判断题】钢筋混凝土结构常用的是热轧钢筋、预应力混凝土用钢丝和钢绞线。

（　　）

2.【单选题】钢绞线的优点不包括（　　）。

A. 与混凝土粘结力强 　　　　B. 柔度好

C. 强度高 　　　　　　　　　D. 易于拆除

3.【单选题】热轧光圆钢筋广泛用于钢筋混凝土结构的(   )。

A. 抗剪钢筋　　　　　　　　　　　B. 弯起钢筋

C. 受力主筋　　　　　　　　　　　D. 构造筋

4.【多选题】预应力钢丝主要用于(   )等预应力钢筋混凝土构件中。

A. 基础底板　　　　　　　　　　　B. 吊车梁

C. 桥梁　　　　　　　　　　　　　D. 大跨度屋架

E. 管桩

【答案】1.√；2.D；3.D；4.BCDE

第六节　沥青材料及沥青混合料

考点 26：沥青材料的种类、技术性质及应用★

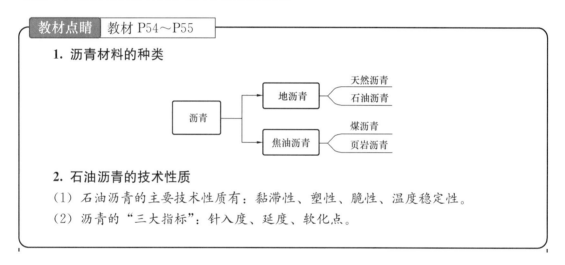

教材点睛 教材 P54～P55

1. 沥青材料的种类

2. 石油沥青的技术性质

（1）石油沥青的主要技术性质有：黏滞性、塑性、脆性、温度稳定性。

（2）沥青的"三大指标"：针入度、延度、软化点。

考点 27：沥青混合料的种类、技术性质及应用★●

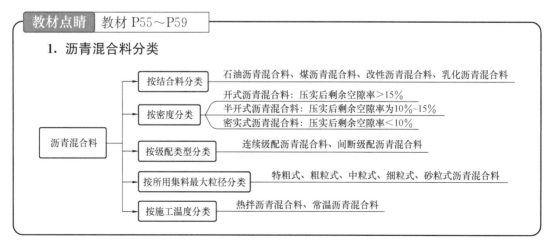

教材点睛 教材 P55～P59

1. 沥青混合料分类

2. 沥青混合料的组成材料及其技术要求

（1）沥青：在沥青混合料中起关键的胶结作用；在较炎热地区应选用黏度较高的沥青，在低气温地区则应选择较低稠度的沥青；煤沥青不宜用于热拌沥青混合料路面的表面层。

（2）粗集料：基本质量要求——洁净、干燥、无风化、无杂质；根据使用部位还应满足磨光值、黏附性等特殊要求；使用中应优选碱性集料。

（3）细集料：主要品种有粒径小于 2.36mm 的天然砂、人工砂及石屑等；质量要求洁净、干燥、无风化、无杂质，且有适当的颗粒级配。

（4）矿粉等填料：在沥青混合料中起填充与改善沥青性能的作用；宜采用石灰岩或岩浆岩中的强基性岩石经磨细后得到的矿粉；高等级路面中可加入有机或无机短纤维等填料，以改善路面的使用性能。

3. 沥青混合料的技术性质：强度、温度稳定性（高温稳定性、低温抗裂性）、耐久性、抗疲劳性、抗滑性、施工和易性等。

巩固练习

1.【判断题】石油沥青的黏滞性一般采用针入度来表示。针入度是在温度为 25℃时，以负重 100g 的标准针，经 5s 沉入沥青试样中的深度，每深 1/10mm，定为 1 度。针入度数值越小，表明黏度越大。　　　　　　　　　　　　　　　　　　　　　（　　）

2.【判断题】沥青的脆性指标是在特定条件下，涂于金属片上的沥青试样薄膜，因被冷却和弯曲而出现裂纹时的温度，以℃表示。　　　　　　　　　　　　　　　（　　）

3.【单选题】沥青混合料中所用粗集料是指粒径大于（　　）mm 的碎石、破碎砾石和矿渣等。

A. 2.0　　　　　　　　B. 2.36　　　　　　　　C. 2.45　　　　　　　　D. 2.60

4.【单选题】矿粉是粒径小于（　　）mm 的无机质细粒材料，它在沥青混合料中起填充与改善沥青性能的作用。

A. 0.050　　　　　　　　　　　　　　B. 0.070

C. 0.075　　　　　　　　　　　　　　D. 0.095

5.【多选题】沥青混合料的技术性质包括（　　）。

A. 沥青混合料的强度　　　　　　　　B. 沥青混合料的高温稳定性

C. 沥青混合料的耐久性　　　　　　　D. 沥青混合料的抗疲劳性

E. 沥青混合料的抗滑性

6.【多选题】可用于细集料的天然砂有（　　）。

A. 河砂　　　　　　　　　　　　　　B. 中砂

C. 粗砂　　　　　　　　　　　　　　D. 细砂

E. 海砂

【答案】1. √；2. √；3. B；4. C；5. ACDE；6. AE

第三章　建　筑　工　程　识　图

第一节　房屋建筑施工图的基本知识

考点 28：房屋建筑施工图的组成及作用★●

教材点睛　教材 P60～P61

1. 建筑施工图的组成及作用

（1）建筑施工图组成：建筑设计说明、建筑总平面图、建筑平面图、建筑立面图、建筑剖面图及建筑详图等。

（2）建造房屋时，建筑施工图主要作为定位放线、砌筑墙体、安装门窗、装修的依据。

（3）各图样的作用

1）建筑设计说明：主要说明装修做法和门窗的类型、数量、规格、采用的标准图集等情况。

2）建筑总平面图（总图）：用以表达建筑物的地理位置和周围环境，是新建房屋及构筑物施工定位，规划设计水、暖、电等专业工程总平面图及施工总平面图设计的依据。

3）建筑平面图：主要用来表达房屋平面布置的情况，是施工备料、放线、砌墙、安装门窗及编制概预算的依据。

4）建筑立面图：用来表达房屋的外部造型、门窗位置及形式、外墙面装修、阳台、雨篷等部分的材料和做法等，在施工中是外墙面造型、外墙面装修、工程概预算、备料等的依据。

5）建筑剖面图：用来表达房屋内部垂直方向的高度、楼层分层情况及简要的结构形式和构造方式，是施工、编制概预算及备料的重要依据。

6）建筑详图：用来表达建筑物体细部构造。

2. 结构施工图的组成及作用

（1）结构施工图的组成：结构设计说明、结构平面布置图和结构详图三部分。

（2）结构施工图的作用：用以表示房屋骨架系统的结构类型、构件布置、构件种类、数量、构件的内部构造和外部形状、大小，以及构件间的连接构造，是结构施工的依据。

（3）结构设计说明：主要针对图形不容易表达的内容，利用文字或表格加以说明。

（4）结构平面布置图：是表示房屋中各承重构件总体平面布置的图样。

（5）结构详图：是为了清楚地表示某些重要构件的结构做法。

3. 设备施工图的作用：表达给水排水、供电照明、供暖通风、空调、燃气等设备的布置和施工要求等。

考点 29：房屋建筑施工图图示特点及制图标准规定

> **教材点睛** 教材 P61～P65

1. 房屋建筑施工图图示特点

（1）施工图中的各图样用正投影法绘制。

（2）施工图绘制比例较小，对于需要表达清楚的节点、剖面等部位，则采用较大比例进行绘制。

（3）建筑构配件、卫生设备、建筑材料等图例采用统一的国家标准标注。

2. 制图标准相关规定

（1）常用建筑材料图例。【详见 P62 表 3-1】

（2）建筑专业制图、建筑结构专业制图的图线。【详见 P63 表 3-2】

（3）尺寸标注形式。【详见 P64 表 3-3】

（4）标高

1）建筑施工图中的标高采用相对标高，以建筑物地上部分首层室内地面作为相对标高的±0.000 点。地上部分标高为正数，地下部分标高为负数。

2）标高单位除建筑总平面图以米（m）为单位外，其余一律以毫米（mm）为单位。

3）在建筑施工图中的标高数字表示其完成面的数值。

巩固练习

1.【判断题】房屋建筑施工图是工程设计阶段的最终成果，同时又是工程施工、监理和计算工程造价的主要依据。　　　　　　　　　　　　　　　　　　　　　　　（　　）

2.【判断题】结构平面布置图是为了清楚地表示某些重要构件的结构做法。　（　　）

3.【单选题】按照内容和作用不同，下列不属于房屋建筑施工图的是（　　）。

A. 建筑施工图　　　　　　　　　　　　B. 结构施工图

C. 设备施工图　　　　　　　　　　　　D. 系统施工图

4.【单选题】下列关于建筑施工图的作用的说法中，不正确的是（　　）。

A. 是新建房屋及构筑物施工定位，规划设计水、暖、电等专业工程总平面图及施工总平面图设计的依据

B. 建筑平面图主要用来表达房屋平面布置情况，是施工备料、放线、砌墙、安装门窗及编制概预算的依据

C. 建造房屋时，建筑施工图主要作为定位放线、砌筑墙体、安装门窗、装修的依据

D. 建筑剖面图是施工、编制概预算及备料的重要依据

5.【单选题】下列关于结构施工图的作用的说法中，不正确的是（　　）。

A. 结构施工图是施工放线、开挖基坑（槽），施工承重构件（如梁、板、柱、墙、基础、楼梯等）的主要依据

B. 结构立面布置图是表示房屋中各承重构件总体立面布置的图样

C. 结构设计说明是带全局性的文字说明

D. 结构详图一般包括梁、柱、板及基础结构详图，楼梯结构详图，屋架结构详图等

6.【单选题】下列不属于设备施工图的是(　　)。

A. 给水排水施工图　　　　　　　　B. 供暖通风与空调施工图

C. 基础详图　　　　　　　　　　　D. 电气设备施工图

7【单选题】下列不属于建筑立面图表达的是(　　)。

A. 建筑物的地理位置和周围环境　　B. 门窗位置及形式

C. 外墙面装修做法　　　　　　　　D. 房屋的外部造型

8.【单选题】作为定位放线、砌筑墙体、安装门窗、装修依据的是(　　)。

A. 设备施工图　　　　　　　　　　B. 建筑施工图

C. 结构平面布置图　　　　　　　　D. 结构施工图

9.【多选题】下列关于建筑制图的线型及其应用的说法中，正确的是(　　)。

A. 平、剖面图中被剖切的主要建筑构造（包括构配件）的轮廓线用粗实线绘制

B. 建筑平、立、剖面图中的建筑构配件的轮廓线用中粗实线绘制

C. 建筑立面图或室内立面图的外轮廓线用中粗实线绘制

D. 拟建、扩建建筑物轮廓用中粗虚线绘制

E. 预应力钢筋线在建筑结构中用粗单点长画线绘制

【答案】1.√；2.×；3. D；4. A；5. B；6. C；7. A；8. B；9. ABD

第二节　房屋建筑施工图的图示方法及内容

考点 30：建筑施工图的图示方法及内容★●

教材点睛 教材 P66～P73

1. 建筑总平面图

（1）建筑总平面图的图示方法：是新建房屋所在地域的一定范围内的水平投影图。

（2）总平面图的图示主要内容及作用

1）新建建筑物的定位：①按原有建筑物或原有道路定位；②按测量坐标或建筑坐标定位。

2）标高：在总平面图中，标高以米为单位，并保留至小数点后两位。

3）指北针或风玫瑰图：用来确定新建房屋的朝向。

4）建筑红线：是各地方国土管理部门提供给建设单位的土地使用范围，任何建筑物在设计和施工中均不能超过此线。

2. 建筑平面图

（1）建筑平面图的图示方法：相当于建筑物的水平剖面图，反映建筑物内各层的布置情况；被剖切到的墙、柱断面轮廓线用粗实线画出，其余可见的轮廓线用中实线或细实线，尺寸标注和标高符号均用细实线，定位轴线用细单点长画线绘制。砖墙一般不画图例，钢筋混凝土的柱和墙的断面通常涂黑表示。

(2) 建筑平面图的图示内容。【详见 P70】

3. 建筑立面图

(1) 建筑立面图的图示方法：建筑物主要外墙面的<u>正投影图</u>（立面图），一般按朝向＋立面图两端轴线编号命名；立面图的最外轮廓线为粗实线；建筑构件及门窗轮廓线为中粗实线画出；其余轮廓线均为细实线；地坪线为加粗实线。

(2) 建筑立面图的图示内容。【详见 P71】

4. 建筑剖面图

(1) 建筑剖面图的图示方法：相当于建筑物的竖向剖面图，反映建筑物高度方向的结构形式；被剖切到的墙、板、梁等构件断面轮廓线用粗实线表示；没有被剖切到的轮廓线用细实线表示。

(2) 建筑剖面图的图示内容。【详见 P72】

5. 需要绘制建筑详图部位：包括内外墙节点、楼梯、电梯、厨房、卫生间、门窗、室内外装饰等。

巩固练习

1.【判断题】建筑总平面图是将拟建工程四周一定范围内的新建、拟建、原有和将拆除的建筑物、构筑物连同其周围的地形地物状况，用正投影方法画出的图样。 （ ）

2.【判断题】建筑平面图中凡是被剖切到的墙、柱断面轮廓线用粗实线画出，其余可见的轮廓线用中实线或细实线，尺寸标注和标高符号均用细实线，定位轴线用细单点长画线绘制。 （ ）

3.【单选题】下列关于建筑总平面图图示内容的说法中，正确的是（   ）。

A. 新建建筑物的定位一般采用两种方法：一是按原有建筑物或原有道路定位；二是按坐标定位

B. 在总平面图中，标高以米为单位，并保留至小数点后三位

C. 新建房屋所在地区风向情况的示意图即为风玫瑰图，风玫瑰图不可用于表明房屋和地物的朝向情况

D. 临时建筑物在设计和施工中可以超过建筑红线

4.【单选题】下列关于建筑剖面图和建筑详图基本规定的说法中，错误的是（   ）。

A. 剖面图一般表示房屋在高度方向的结构形式

B. 建筑剖面图中高度方向的尺寸包括总尺寸、内部尺寸和细部尺寸

C. 建筑剖面图中不能详细表示清楚的部位应引出索引符号，另用详图表示

D. 需要绘制详图或局部平面放大位置包括内外墙节点、楼梯、电梯、厨房、卫生间、门窗、室内外装饰等

5.【单选题】建筑总平面图的主要内容不包括（   ）。

A. 新建建筑物的定位   B. 标高

C. 指北针或风玫瑰图   D. 外墙节点

6. 【多选题】下列有关建筑平面图的图示内容的表述中，不正确的是( )。

A. 定位轴线的编号宜标注在图样的下方与右侧，横向编号应用阿拉伯数字，从左至右顺序编写，竖向编号应用大写拉丁字母，从上至下顺序编写

B. 对于隐蔽的或者在剖切面以上部位的内容，应以虚线表示

C. 建筑平面图上的外部尺寸在水平方向和竖直方向各标注三道尺寸

D. 在平面图上所标注的标高均应为绝对标高

E. 屋面平面图一般内容有：女儿墙、檐沟、屋面坡度、分水线与落水口、变形缝、楼梯间、水箱间、天窗、上人孔、消防梯以及其他构筑物、索引符号等

【答案】1. ×；2. √；3. A；4. B；5. D；6. AD

考点 31：结构施工图 ★●

教材点晴 教材 P73~P77

1. 结构设计说明：包括设计依据，工程概况，自然条件，选用材料的类型、规格、强度等级，构造要求，施工注意事项，选用标准图集等。

2. 基础图的图示方法及内容：

（1）基础图：是建筑物正负零标高以下的结构图，一般包括基础平面图和基础详图。

（2）基础平面图及基础详图：①只画出基础墙、柱及基础底面的轮廓线，基础的细部轮廓可省略不画。②凡基础宽度、墙厚、大放脚、基底标高、管沟做法不同时，均应以不同的断面图表示。③基础详图中需标注基础各部分的详细尺寸及室内、室外、基础底面标高等。

3. 结构平面布置图：相当于建筑物结构的水平剖面图，主要表示各楼层结构构件的平面布置情况，以及构件的构造、配筋情况及构件之间的结构关系。对于承重构件布置相同的楼层，可统一绘制标准层结构平面布置图。

4. 结构详图：主要包括钢筋混凝土构件图、楼梯结构施工图、现浇板配筋图。现浇梁、柱、板、板式楼梯、基础的施工图常采用混凝土结构施工图平面整体设计方法（简称平法）。其制图规则和构造详图参见《混凝土结构施工图平面整体表示方法制图规则和构造详图》（22G101 图集）。

巩固练习

1. 【判断题】结构设计说明是带全局性的文字说明，它包括设计依据，工程概况，自然条件，选用材料的类型、规格、强度等级，构造要求，施工注意事项，选用标准图集等。 ( )

2. 【判断题】基础图是建筑物±0.000 标高以下的结构图，一般包括基础平面图和基础详图。 ( )

3. 【判断题】结构详图中的配筋图主要表达构件内部的钢筋位置、形状、规格和数

量。一般用平面图和立面图表示。   （   ）

4.【单选题】下列关于基础图的图示方法及内容基本规定的说法中，错误的是（   ）。

A. 基础平面图是假想用一个水平剖切平面在室内地面处剖切建筑，并移去基础周围的土层，向下投影所得到的图样

B. 在基础平面图中，只画出基础墙、柱及基础底面的轮廓线，基础的细部轮廓可省略不画

C. 基础详图中标注基础各部分的详细尺寸

D. 基础详图的轮廓线用中实线表示，断面内应画出材料图例

5.【单选题】下列关于楼梯结构施工图基本规定的说法中，错误的是（   ）。

A. 楼梯结构平面图应直接绘制出休息平台板的配筋

B. 楼梯结构施工图包括楼梯结构平面图、楼梯结构剖面图和构件详图

C. 钢筋混凝土楼梯的可见轮廓线用细实线表示，不可见轮廓线用细虚线表示

D. 当楼梯结构剖面图比例较大时，也可直接在楼梯结构剖面图上表示梯段板的配筋

6.【多选题】下列关于结构平面布置图基本规定的说法中，错误的是（   ）。

A. 对于承重构件布置相同的楼层，只画一个结构平面布置图，称为标准层结构平面布置图

B. 对于现浇楼板，可以在平面布置图上标出板的名称，必须另外绘制板的配筋图

C. 结构布置图中钢筋混凝土楼板的表达方式，分为预制楼板表达方式和现浇楼板表达方式

D. 现浇板必要时，尚应在平面图中表示施工后浇带的位置及宽度

E. 采用预制板时注明预制板的跨度方向、板号，数量及板底标高即可

7.【多选题】下列关于现浇混凝土有梁楼盖板标注的说法中，正确的是（   ）。

A. 板面标高高差指相对于结构层梁顶面标高的高差，将其注写在括号内，无高差时不标注

B. 板厚注写为 $h=\times\times\times$（为垂直于板面的厚度）；当悬挑板的端部改变截面厚度时，用斜线分隔根部与端部的高度值，注写为 $h=\times\times\times/\times\times\times$

C. 板支座上部非贯通筋自支座中线向跨内的延伸长度，注写在线段的下方

D. 板支座原位标注的内容为板支座上部非贯通纵筋和悬挑板上部受力钢筋

E. 贯通全跨或延伸至全悬挑一侧的长度值和非贯通筋另一侧的延伸长度值均需注明

【答案】1. √；2. √；3. ×；4. C；5. A；6. BE；7. BCD

考点 32：设备施工图 ★●

教材点睛 教材 P77～P86

1. **设备施工图**包括：给水排水施工图、采暖通风与空调施工图、电气设备施工图等。

2. 建筑给水排水施工图

（1）设计说明内容包括：设计概况、设计内容、引用规范、施工方法等。

（2）主要材料及设备表：列出材料的类别、规格、数量，设备的品种、规格和主要尺寸。

（3）给水排水平面图的作用：在简化的建筑平面图上，按规定图例绘制的，用来表达室内给水用具、卫生器具、管道及其附件的平面布置。（需掌握各种图例的标识及标注方法，P78~P82）

（4）给水排水系统图：采用轴测图，用于表达出给水排水管道和设备在建筑中的空间布置关系。

（5）给水排水系统原理图：当建筑物的层数较多时，可用系统原理图代替系统轴测图。

（6）详图主要包括：管道节点、水表、过墙套管、卫生器具等的安装详图以及卫生间大样详图。

3. 建筑电气施工图

（1）设计说明一般包括：供电方式、电压等级、主要线路敷设方式、防雷、接地及图中未能表达的各种电气安装高度、工程主要技术数据、施工和验收要求以及有关事项等。

（2）主要材料设备表包括：工程所需的各种设备、管材、导线等名称、型号、规格、数量等。

（3）建筑电气系统图：用来表示照明和动力供配电系统的组成，分为照明系统图和动力系统图。

（4）电气平面图：用来表示建筑物内所有电气设备、开关、插座和配电线路的安装平面位置图以及各种动力设备平面布置、安装、接线的图示。主要包括电气照明平面图和动力平面图。（需掌握各种图例的标识及标注方法，P83~P85）

（5）详图包括：电气工程详图和标准图。

巩固练习

1.【判断题】管子的单线或双线图均应表示管子的壁厚。（　　）

2.【判断题】工艺流程图仅表明其相互关联关系和生产中的物料流向，无比例，仅示意。（　　）

3.【判断题】铜管、薄壁不锈钢管等管材，管径以公称外径表示。（　　）

4.【单选题】下列关于设备施工图的说法中，错误的是（　　）。

A. 建筑给水排水施工图应包含设计说明及主要材料设备表、给水排水平面图、给水排水系统图、给水排水系统原理图、详图

B. 电气施工图应包括设计说明、主要材料设备表、电气系统图、电气平面图、电气立面示意图、详图

C. 给水排水平面图中应突出管线和设备，即用粗线表示管线，其余为细线

D. 室内给水排水系统轴测图一般按正面斜等测的方式绘制

5.【单选题】给水排水工程用轴测图表示的特点之一是(   )。

A. 图幅较小　　　　　　　　　　　B. 表达清楚

C. 立体感强　　　　　　　　　　　D. 方便计算

6.【单选题】电力系统图用以表达供电方式和(   )。

A. 电气原件工作原理　　　　　　　B. 原件间接线关系

C. 设备间布置关系　　　　　　　　D. 电能分配的关系

7.【单选题】设备材料明细表一般要列出系统主要设备及主要材料的名称、规格、型号、数量、具体要求，但(   )仅作参考。

A. 规格　　　　　　　　　　　　　B. 型号

C. 名称　　　　　　　　　　　　　D. 数量

8.【单选题】电气平面图不包括(   )。

A. 电气原理平面图　　　　　　　　B. 电气总平面图

C. 电气照明平面图　　　　　　　　D. 电气动力平面图

9.【多选题】下列关于设备施工图的说法中，正确的是(   )。

A. 建筑给水排水施工图中，凡平面图、系统图中局部构造因受图面比例影响而表达不完善或无法表达的，必须绘制施工详图

B. 建筑电气系统图是电气照明施工图中的基本图样

C. 建筑电气施工图的详图包括电气工程基本图和标准图

D. 电气系统图一般用单线绘制，且画为粗实线，并按规定格式标出各段导线的数量和规格

E. 在电气施工图中，通常采用与建筑施工图相统一的相对标高，或者用相对于本层楼地面的相对标高

10.【多选题】室内给水排水系统一般通过(   )来表达。

A. 立面图　　　　　　　　　　　　B. 平面图

C. 透视图　　　　　　　　　　　　D. 系统图

E. 坡度图

11.【多选题】电气工程施工图通常分为(   )类型。

A. 总说明　　　　　　　　　　　　B. 系统图

C. 电气平面图　　　　　　　　　　D. 电路图

E. 设备平面布置图

【答案】1.×；2.√；3.√；4.B；5.C；6.D；7.D；8.A；9. ADE；10. BD；11. ABCD

第三节　房屋建筑施工图的绘制与识读

考点 33：房屋建筑施工图绘制与识读●

教材点睛 教材 P86～P87

1. 房屋建筑施工图绘制

（1）房屋建筑施工图一般绘制步骤：确定绘制图样的数量→选择合适的比例→进行合理的图面布置→绘制图样。

（2）绘制建筑施工图步骤：平面图→立面图→剖面图→详图。

（3）绘制结构施工图步骤：基础平面图→基础详图→结构平面布置图→结构详图。

（4）绘制设备施工图步骤：平面图→系统图→详图。

2. 房屋建筑施工图识读

（1）施工图识读方法：总揽全局→循序渐进→相互对照→重点细读。

（2）施工图识读步骤：阅读图纸目录→阅读设计总说明→通读图纸→精读图纸。

巩固练习

1.【判断题】施工图绘制步骤：先确定绘制图样的数量、再选择合适的绘图比例、最后绘制图样。　　　　　　　　　　　　　　　　　　　　　　　　　　（　　）

2.【判断题】施工图识读方法包括总揽全局、循序渐进、相互对照、重点细读四个部分。　　　　　　　　　　　　　　　　　　　　　　　　　　　　　　（　　）

3.【单选题】下列关于施工图识读方法的说法，正确的是（　　）。

A. 先阅读结构施工图目录

B. 先阅读结构设计说明

C. 先粗读结构平面图，了解构件类型、数量和位置

D. 先阅读建筑施工图

4.【多选题】下列关于施工图绘制基本规定的说法中，错误的是（　　）。

A. 绘制建筑施工图的一般步骤为：平面图→立面图→剖面图→详图

B. 绘制结构施工图的一般步骤为：基础平面图→基础详图→结构平面布置图→结构详图

C. 结构平面图用中实线表示剖到或可见构件轮廓线，用中虚线表示不可见构件轮廓线，门窗洞也需画出

D. 在结构平面图中，不同规格的分布筋也应画出

E. 建筑立面图应从平面图中引出立面的长度，从剖面图中量出立面的高度及各部位的相应位置

【答案】1. ×；2. √；3. D；4. CD

第四章 建筑施工技术

第一节 地基与基础工程

考点34：常用地基处理方法★

教材点睛 教材P88～P89

1. 常用的地基处理方法：换土垫层法、重锤表层夯实、强夯、振冲、砂桩挤密、深层搅拌、堆载预压、化学加固等方法。

2. 换土垫层法：适用于地下水位较低，基槽经常处于较干燥状态下的一般黏性土地基的加固。换土材料有灰土、砂和砂石混合料（天然级配砂石）三种。

3. 夯实地基法：常用方法有重锤夯实法和强夯法。

4. 挤密桩施工法：常用方法有灰土挤密桩、砂石桩、水泥粉煤灰碎石桩。

5. 深层密实法：常用方法有振冲法、深层搅拌法。

6. 预压法：适用于处理深厚软土和冲填土地基。

考点35：基坑（槽）开挖、支护及回填方法★

教材点睛 教材P89～P93

1. 基坑（槽）开挖

（1）施工工艺流程：测量放线→切线分层开挖→排水/降水→修坡→平整→验槽

（2）施工要点

1）在地下水位以下挖土时，应在基坑（槽）四周挖好临时排水沟和集水井，或采用井点降水，将水位降低至坑（槽）底以下500mm，方可开挖。

2）基坑（槽）开挖时，应对平面控制桩、水准点、基坑（槽）平面位置、水平标高、边坡坡度等经常复测检查。

3）采用机械开挖基坑（槽）时，为避免地基扰动，在基底标高以上预留15～30cm厚土层由人工挖掘修整。

4）基坑（槽）挖完后进行验槽，当发现地基土质与地质勘探报告不符时，应及时与有关人员研究处理。

2. 深基坑土方开挖方案

（1）中心岛（墩）式挖土

1）适用范围：用于大型基坑，支护结构的支撑中间具有较大空间的情况。

2）施工流程：测量放线→开挖第一层土→施工第一层支撑并搭设运土栈桥→开挖第二层土→施工第二层支撑→（以此类推）→挖除中心墩→将全部挖土机械吊出基坑，退场。

（2）盆式挖土施工流程：测量放线→施工围护墙→开挖基坑中间部分的土，周围四边留土坡→开挖四边土坡→将全部挖土机械吊出基坑，退场。

3. 基坑支护施工方法

（1）护坡桩施工

1）护坡桩支护结构常用方法：钢板桩支护、H 型钢（工字钢）桩加挡板支护、灌注桩排桩支护等。

2）钢板桩支护：具有施工速度快、可重复使用的特点。常用材料有 U 型、Z 型、直腹板式、H 型和组合式钢板桩。常用施工机械有自由落锤、气动锤、柴油锤、振动锤。

3）护坡桩加内支撑支护：对深度较大，面积不大、地基土质较差的基坑，可在基坑内沿围护排桩，竖向设置一定支撑点组成内支撑式基坑支护体系，提高侧向刚度，减少变形。

（2）土钉墙支护

1）工艺特点：施工操作简便、设备简单、噪声小、工期短、费用低。

2）适用范围：地下水位低于土坡开挖层或经过人工降水以后使地下水位低于土坡开挖层的人工填土、黏性土和微黏性砂土，开挖深度不超过 5m，土钉墙墙面坡度不应大于 1∶0.1。

（3）水泥土桩墙施工：将地基软土和水泥强制搅拌形成水泥土，利用水泥和软土之间产生的物理化学反应，使软土硬化成整体性，形成有一定强度的挡土、防渗墙。

（4）地下连续墙施工

1）施工工艺：用特制的挖槽机械，在泥浆护壁下开挖一个单元槽段的沟槽，清底后放入钢筋笼，用导管浇筑混凝土至设计标高，如此逐段施工，用特制的接头将各段连接起来，形成连续的钢筋混凝土墙体。

2）地下连续墙可用作支护结构，同时用作建筑物的承重结构。

4. 基坑排水与降水

（1）地面水排除

1）目的：防止地面水流入基坑。

2）方法：设置排水沟、截水沟、挡水土坝等；排水沟横断面不应小于 0.5m×0.5m，纵坡不应小于 2‰。

（2）基坑排水

1）目的：排除基坑内的地下渗水及雨水。

2）方法：明沟排水；基坑四周的排水沟及集水井必须设置在基础范围以外。

（3）基坑降水

1）当地下水位高于基底标高时，基坑开挖前须进行降水作业。

2）降水方法有：轻型井点、喷射井点、电渗井点、管井井点及深井泵等。

5. 土方回填压实

（1）施工工艺流程：填方土料处理→基底处理→分层回填压实→回填土试验检验合格后继续回填。

（2）施工要点

土料要求与含水量控制：常用土料有符合压实要求的黏性土、碎石类土、砂土和爆破石渣，淤泥和淤泥质土不能用作填料。土料含水量一般以手握成团，落地开花为适宜。

1）基底处理：清除基底上垃圾、草皮、树根，排除坑穴中积水、淤泥和杂物。

2）回填土压实操作：采用分层铺填。

3）填土的压实密实度：采用环刀取样试验，以符合设计要求为准。

巩固练习

1.【判断题】普通土的现场鉴别方法为挖掘。（　　）

2.【判断题】坚石和特坚石的现场鉴别方法都可以使用爆破方法。（　　）

3.【判断题】基坑开挖工艺流程：测量放线→分层开挖→排水降水→修坡→留足预留土层→整平。（　　）

4.【判断题】放坡开挖是最经济的挖土方案，当基坑开挖深度不大（软土地基挖深不超过 4m；地下水位低、土质较好地区）周围环境又允许时，均可采用放坡开挖；放坡坡度按经验确定即可。（　　）

5.【判断题】主排水沟最好设置在施工区域的边缘或道路的两旁，一般排水沟的横断面不应小于 0.5m×0.5m，纵坡不应小于 2‰。（　　）

6.【判断题】土方回填压实的施工工艺流程：填方土料处理→基底处理→分层回填压实→对每层回填土的质量进行检验，符合设计要求后，填筑上一层。（　　）

7.【单选题】下列土的工程分类，除（　　）之外，均为岩石。

A. 软石　　　　　　　B. 砂砾坚土　　　　　　C. 坚石　　　　　　　　D. 硬石

8.【单选题】下列关于基坑（槽）开挖施工工艺的说法中，正确的是（　　）。

A. 采用机械开挖基坑（槽）时，为避免破坏基底土，应在标高以上预留 15~50cm 的土层由人工挖掘修整

B. 基坑（槽）四侧或两侧挖好临时排水沟和集水井，或采用井点降水，将水位降低至坑（槽）底以下 500mm

C. 雨期施工时，基坑（槽）需全段开挖，尽快完成

D. 当基坑（槽）挖好后不能立即进行下道工序时，应预留 30cm 的土不挖，待下道工序开始再挖至设计标高

9.【单选题】下列各项中不属于深基坑土方开挖方案的是（　　）。

A. 放坡挖土　　　　　　　　　　　　B. 中心岛（墩）式挖土

C. 箱式挖土　　　　　　　　　　　　D. 盆式挖土

10.【单选题】下列各项中不属于基坑排水与降水的是（　　）。

A. 地面水排除　　　　　　　　　　　B. 基坑截水

C. 基坑排水　　　　　　　　　　　　D. 基坑降水

11. 【单选题】下列关于土方回填压实的基本规定，说法错误的是（　　）。

A. 对有密实度要求的填方，在压实之后，对每层回填土一般采用环刀法（或灌砂法）取样测定

B. 基坑和室内填土，每层按 20～50m² 取样一组

C. 场地平整填方，每层按 400～900m³ 取样一组

D. 填方结束后应检查标高、边坡坡度、压实程度等

12. 【多选题】下列关于常用人工地基处理方法的基本规定，说法正确的是（　　）。

A. 砂石桩适用于挤密松散砂土、素填土和杂填土等地基

B. 振冲桩适用于加固松散的素填土、杂填土地基

C. 强夯法适用于处理高于地下水位 0.8m 以上稍湿的黏性土、砂土、湿陷性黄土等地基的加固处理

D. 沙井堆载预压法适用于处理深厚软土和冲填土地基，对于泥炭等有机质沉积地基同样适用

E. 沙井堆载预压法多用于处理机场跑道、水工结构、道路、路堤、码头、岸坡等工程地基

13. 【多选题】下列关于土方回填压实的基本规定，说法正确的是（　　）。

A. 碎石类土、砂土和爆破石渣（粒径不大于每层铺土后 2/3）可作各层填料

B. 人工填土每层虚铺厚度，用人工木夯夯实时不大于 25cm，用打夯机械夯实时不大于 30cm

C. 铺土应分层进行，每次铺土厚度不大于 30～50cm（视所用压实机械的要求而定）

D. 当填方基底为耕植土或松土时，应将基底充分夯实和碾压密实

E. 机械填土时填土程序一般尽量采取横向或纵向分层卸土，以利于行驶时初步压实

【答案】1. √；2. √；3. ×；4. ×；5. √；6. √；7. B；8. B；9. C；10. B；11. B；12. AE；13. CDE

考点 36：混凝土基础施工★

教材点睛　教材 P93～P94

1. 混凝土基础施工工艺流程

测量放线→基坑开挖，验槽→混凝土垫层施工→钢筋绑扎→支基础模板→浇基础混凝土

2. 钢筋混凝土扩展基础（独立基础、条形基础）施工要点

（1）基坑验槽完成后，应尽快进行垫层混凝土施工，以保护地基。

（2）先支模后绑扎钢筋，模板支设要求牢固，无缝隙。

（3）钢筋绑扎完成后，做好隐蔽验收工作。

（4）混凝土浇筑前，模板内的垃圾、杂物应清除干净；木模板应浇水湿润。

（5）混凝土宜分段分层浇筑，每层厚度不超过 500mm，各段各层间应互相衔接长度 2～3m，逐段逐层呈阶梯形推进；混凝土应连续浇筑，以保证结构良好的整体性。

教材点睛 教材 P93～P94（续）

3. 筏形基础（梁板式、平板式）、箱形基础施工要点

（1）当基坑开挖危及邻近建、构筑物、道路及地下管线的安全与使用时，开挖也应采取支护措施。

（2）基础长度超过 40m 时，宜设置施工缝，缝宽不宜小于 80cm。在施工缝处，钢筋必须贯通。

（3）基础混凝土应采用同一品种水泥、掺合料、外加剂和同一配合比。

巩固练习

1.【判断题】钢筋混凝土扩展基础施工工艺流程：测量放线→基坑开挖、验槽→混凝土垫层施工→支基础模板→钢筋绑扎→浇基础混凝土。 （ ）

2.【单选题】下列关于钢筋混凝土扩展基础混凝土浇筑的基本规定，错误的是( )。

A. 混凝土宜分段分层浇筑，每层厚度不超过 500mm

B. 混凝土自高处倾落时，如高度超过 3m，应设料斗、漏斗、串筒、斜槽、溜管，防止混凝土产生分层离析

C. 各层各段间应相互衔接，每段长 2～3m，使逐段逐层呈阶梯形推进

D. 混凝土应连续浇筑，以保证结构良好的整体性

3.【多选题】下列关于筏形基础的基本规定正确的是( )。

A. 筏形基础分为梁板式和平板式两种类型，梁板式又分为正向梁板式和反向梁板式

B. 施工工艺流程为：测量放线→基坑支护→排水、降水（或隔水）→基坑开挖验槽→混凝土垫层施工→支基础模板→钢筋绑扎→浇基础混凝土

C. 回填应由两侧向中间进行，并分层夯实

D. 当采用机械开挖时，应保留 200～300mm 土层由人工挖除

E. 基础长度超过 40m 时，宜设置施工缝，缝宽不宜小于 80cm

【答案】1. ×；2. B；3. ADE

考点 37：砖基础施工★

教材点睛 教材 P94

1. 砖基础施工工艺流程：测量放线→基坑开挖、验槽→混凝土垫层施工→砖基础砌筑。

2. 砖基础施工要点

（1）在垫层转角、交接及高低踏步处预先立好基础皮数杆，控制基础的砌筑高度。

（2）大放脚的最下一皮和每个台阶的上面一皮应以丁砖为主。

（3）有高低台的砖基础，应从低台砌起，并由高台向低台搭接，搭接长度不小于基础大放脚的高度。

考点 38：桩基础施工★

教材点睛 教材 P94～P96

1. 预制桩施工

（1）常见的预制桩类型：有钢筋混凝土预制桩、预应力管桩、钢管桩和 H 型桩及其他异型钢桩。

（2）施工方法：有打入式和静力压桩式两种。

（3）静力压桩的特点：施工无噪声、无振动、无污染。

（4）适用范围：特别适合在建筑稠密及危房附近、环境保护要求严格的地区沉桩，不宜用于地下有较多孤石、障碍物或有 4m 以上硬隔离层的情况。

（5）施工工艺流程：测量放线→桩机就位→吊桩→插桩→桩身对中调直→静压沉桩→接桩、送桩→再静压沉桩→达到设计标高后，切割桩头。

（6）施工要点

1）依据符合设计要求测量放线确定桩位。

2）插桩、接桩时要注意对中，并保证桩身稳定、牢固。

3）送桩时可不采用送桩器，送桩深度不宜超过 8m。

4）压桩时应连续进行。施工过程中要认真记录桩入土深度和压力表读数，当压力表读数发生异常，应停机分析原因。

5）切割桩头时需注意不能桩身受到损坏。

2. 钻、挖、冲孔灌注桩施工

（1）施工工艺流程：测量放线→开挖泥浆池及浆沟→护筒埋设→钻机就位对中→成孔、泥浆护壁清渣→清孔换浆→验收终孔→下钢筋笼和钢导管→灌浆→成桩养护。

（2）施工要点

1）钻（冲）孔时，应随时测定和控制泥浆密度，对于较好的黏土层，可采用自成泥浆护壁。

2）成孔后孔底沉渣要清除干净，沉渣厚度应小于 100mm。

3）钢筋笼检查无误后要马上浇筑混凝土，间隔时间不能超过 4h。

4）用导管开始浇筑混凝土时，管口至孔底的距离为 300～500mm；第一次浇筑时，导管要埋入混凝土下 0.8m 以上，以后浇捣时，导管埋深宜为 2～6m。

巩固练习

1.【判断题】砖基础中的灰缝宽度应控制在 15mm 左右。　　　　　　　　（　　）

2.【判断题】预制桩按入土受力方式分为打入式和静力压桩式两种。　　　（　　）

3.【单选题】下列关于砖基础的施工工艺的基本规定，错误的是（　　）。

A. 垫层混凝土在验槽后应随即浇灌，以保护地基

B. 砖基础施工工艺流程：测量放线→基坑开挖，验槽→混凝土垫层施工→砖基础砌筑

C. 砖基础中的洞口、沟槽等，应在砌筑时正确留出，宽度超过 900mm 的洞口上方应

砌筑平拱或设置过梁

D. 基础砌筑前，应先检查垫层施工是否符合质量要求，再清扫垫层表面，将浮土及垃圾清除干净

4. 【单选题】下列土的工程分类，除（　　）外，均为岩石。

A. 软石　　　　　　　B. 砂砾坚土　　　　　　C. 坚石　　　　　　D. 次坚石

5. 【单选题】下列关于预制桩施工的基本规定，正确的是（　　）。

A. 静力压桩不宜用于地下有较多孤石、障碍物或有 4m 以上硬隔离层的情况

B. 如遇特殊原因，压桩时可以不连续进行

C. 静力压桩的施工工艺流程：测量放线→桩机就位、吊桩、插桩、桩身对中调直→静压沉桩→接桩→送桩、再静压沉桩→终止压桩→切割桩头

D. 送桩时必须采用送桩器

6. 【单选题】静力压桩的特点不包括（　　）。

A. 施工无噪声　　　B. 无污染　　　　C. 无振动　　　　D. 适用任何土层

7. 【多选题】钻孔灌注桩施工的做法正确的是（　　）。

A. 第一次浇筑时，导管要埋入混凝土下 1.8m 以上

B. 用导管开始浇筑混凝土时，管口至孔底的距离为 300～500mm

C. 钢筋笼检查无误后要马上浇筑混凝土，间隔时间不能超过 4h

D. 成孔后孔底沉渣要清除干净，沉渣厚度应小于 100mm

E. 对于较好的黏土层，可采用自成泥浆护壁

【答案】1. ×；2. √；3. C；4. B；5. A；6. D；7. BCDE

第二节　砌　体　工　程

考点 39：砌体施工工艺 ★●

教材点睛 教材 P96～P99

1. 砖砌体施工要点

（1）找平、放线：砌筑前，在基础防潮层或楼面上先用水泥砂浆或细石混凝土找平，然后在龙门板上以定位钉为标志，弹出墙的轴线、边线，定出门窗洞口位置。

（2）摆砖：校对放出的墨线在门窗洞口、附墙垛等处是否符合砖的模数，以尽可能减少砍砖，并使砌体灰缝均匀（砖缝 10mm），组砌得当。

（3）立皮数杆：一般立于房屋的四大角、内外墙交接处、楼梯间以及洞口等部位，间距 10～15m。皮数杆应有两个方向斜撑或锚钉加以固定，每次砌砖前应用水准仪校正标高，检查皮数杆的垂直度和牢固程度。

（4）盘角、砌筑：盘角时主要大角不宜超过 5 皮砖，且应随砌随盘，做到"三皮一吊，五皮一靠"，对照皮数杆检查无误后，才能挂线砌筑中间墙体。砌筑时要挂线砌筑，一砖墙单面挂线，一砖半以上砖墙宜双面挂线。

（5）清理、勾缝：砌筑完成后，应及时清理墙面和落地灰。墙面勾缝采用砌筑砂浆随砌随勾缝，灰缝深度 10mm，砌完整个墙体后，再用细砂拌制 1：1.15 水泥砂浆勾缝。

（6）楼层轴线引测：根据龙门板上标注的轴线位置将轴线引测到房屋的外墙基上，二层以上各层墙的轴线，可用经纬仪或锤球引测到楼层上，同时根据图轴线尺寸用钢尺进行校核。

（7）楼层标高的控制方法有两种：一种采用皮数杆控制，另一种在墙角两点弹出 50 水平线进行控制。

2. 石砌体施工要点

（1）砂浆用水泥砂浆或水泥混合砂浆，一般用铺浆法砌筑，灰缝厚度应符合要求，且砂浆饱满。毛料石和粗料石砌体的灰缝厚度不大于 20mm，细料石砌体的灰缝厚度不大于 5mm。

（2）毛石砌体宜分皮卧砌，且按内外搭接，上下错缝，拉结石、丁砌石交错设置的原则组砌，不得采用外面侧立石块，中间填心的砌筑方法。每日砌筑高度不大于 1.2m，在转角处及交接处应同时砌筑或留斜槎。

（3）外观要求整齐的毛石墙面，外皮石材需适当加工。毛石墙的第一皮及转角、交接处和洞口处，及每个楼层砌体最上一皮，应用料石或较大的平毛石砌筑。

（4）平毛石砌筑，第一皮大面向下，以后各皮上下错缝，内外搭接，墙中不应放铲口石和全部对合石，毛石墙必须设置拉结石，拉结石应均匀分布，相互错开，一般每 0.7m² 墙面至少设置一块，且同皮内的中距不大于 2m。

（5）毛石挡土墙一般按 3～4 皮为一个分层高度砌筑，每砌一个分层高度应找平一次；毛石挡土墙外露面灰缝厚度不大于 40mm，两个分层高度间分层处的错缝不得小于 80mm；对于中间毛石砌筑的料石挡土墙，丁砌料石深入中间毛石部分的长度不应小于 200mm；挡土墙的泄水孔若无设计规定，应按每米高度上间隔 2m 设置一个。

3. 砌块砌体施工要点

（1）基层处理：清理砌筑基层，用砂浆找平，拉线，用水平尺检查其平整度。

（2）砌底部实心砖：在砌第一皮加气砖前，应用实心砖砌筑，高度宜不小于 200mm。

（3）拉准线、铺灰、依准线砌筑：灰缝厚度宜为 15mm，灰缝要求横平竖直，水平灰缝应饱满；竖缝采用挤浆和加浆方法，不得出现透明缝，严禁用水冲洗灌缝。

（4）埋墙拉筋：与钢筋混凝土柱（墙）的连接，采取在混凝土柱（墙）上打入 2φ6@500 的膨胀螺栓，然后在膨胀螺栓上焊接 φ6 的钢筋，埋入加气砖墙体 1000mm。

（5）砌块整砖砌至梁底，待一周后，采用灰砂砖斜砌顶紧。

巩固练习

1.【判断题】石砌体施工一般用铺浆法砌筑。 （   ）

2.【单选题】下列关于砖砌体的施工工艺过程，正确的是（   ）。

A. 找平、放线、摆砖样、盘角、立皮数杆、砌筑、勾缝、清理、楼层标高控制、楼层轴线标引等

B. 找平、放线、摆砖样、立皮数杆、盘角、砌筑、清理、勾缝、楼层轴线标引、楼层标高控制等

C. 找平、放线、摆砖样、立皮数杆、盘角、砌筑、勾缝、清理、楼层轴线标引、楼层标高控制等

D. 找平、放线、立皮数杆、摆砖样、盘角、挂线、砌筑、勾缝、清理、楼层标高控制、楼层轴线标引等

3.【单选题】下列关于砌块砌体施工工艺的基本规定中，错误的是( )。

A. 灰缝厚度宜为15mm

B. 灰缝要求横平竖直，水平灰缝应饱满，竖缝采用挤浆和加浆方法，允许用水冲洗清理灌缝

C. 在墙体底部，在砌第一皮加气砖前，应用实心砖砌筑，其高度宜不小于200mm

D. 与梁的接触处待加气砖砌完14d后采用灰砂砖斜砌顶紧

4.【多选题】下列关于石砌体施工工艺的说法，正确的是( )。

A. 毛料石和粗料石砌体的灰缝厚度不大于20mm，细料石砌体的灰缝厚度不大于5mm

B. 不得采用外面侧立石块，中间填心的砌筑方法

C. 挡土墙的泄水孔若无设计规定，应按每米高度上间隔3m设置一个

D. 每日砌筑高度不大于1.2m

E. 外观要求整齐的毛石墙面，外皮石材需适当加工

【答案】1.√；2. B；3. B；4. ABDE

第三节　钢筋混凝土工程

考点40：常见模板的种类、特性及安装拆除施工要点★

教材点睛 教材P90～P100

1. 常见的模板种类、特性

（1）组合式模板：具有通用性强、装拆方便、周转使用次数多等特点；常见形式有组合钢模板、钢框木（竹）胶合板模板两种。

（2）工具式模板：是针对工程结构构件的特点，研制开发的可持续周转使用的专用性模板，包括大模板、滑动模板、爬升模板、飞模、模壳等。

2. 模板的安装与拆除

（1）模板安装的施工要求

1）模板的支设方法基本上有单块就位组拼（散装）和预组拼两种。预组拼方法，可以加快施工速度，提高工效和模板的安装质量，但必须具备相适应的吊装设备和有较大的拼装场地。

2）模板拼接：同一条拼缝上的U形卡，不宜向同一方向卡紧；钢楞接头应错开设置，搭接长度不小于200mm；对拉螺栓孔应平直相对，穿插螺栓不得斜拉硬顶，严禁采用电、气焊灼孔。

教材点睛 教材 P99~P100（续）

（2）模板拆除的安全要求

1）拆模前应制定拆模程序、拆模方法及安全措施。

2）模板拆除的顺序遵循先支后拆，先非承重部位，后承重部位以及自上而下的原则。拆模时，严禁用大锤和撬棍硬砸硬撬。

3）支承件和连接件应逐件拆卸，模板应逐块拆卸传递，拆除时不得损伤模板和混凝土。

4）拆下的模板和配件均应分类堆放整齐，及时清理、保养。

巩固练习

1.【判断题】工具式模板是可持续周转使用的通用性模板。 （ ）

2.【单选题】工具式模板不包括（ ）。

A. 滑动模板　　　　　　　　　　　B. 爬升模板

C. 模壳　　　　　　　　　　　　　D. 小钢模板

3.【单选题】下列关于常见模板的种类、特性的基本规定，说法不正确的是（ ）。

A. 常见模板的种类有组合式模板、工具式模板两大类

B. 爬升模板适用于现浇钢筋混凝土竖向（或倾斜）结构

C. 飞模适用于小开间、小柱网、小进深的钢筋混凝土楼盖施工

D. 组合式模板可事先组拼成梁、柱、墙、楼板的大型模板，整体吊装就位，也可采用散支散拆方法

4.【单选题】组合式模板的特点不包括（ ）。

A. 通用性强　　　　　　　　　　　B. 装拆方便

C. 周转使用次数多　　　　　　　　D. 专用性强

5.【单选题】飞模组成不包括（ ）。

A. 支撑系统　　　　　　　　　　　B. 平台板

C. 电动脱模系统　　　　　　　　　D. 升降和行走机构

6.【多选题】下列关于模板安装与拆除的基本规定，说法正确的是（ ）。

A. 同一条拼缝上的 U 形卡，不宜向同一方向卡紧

B. 钢楞宜采用整根杆件，接头宜错开设置，搭接长度不应小于 300mm

C. 模板支设时采用预组拼方法，可以加快施工速度，提高工效和模板的安装质量，但必须具备相适应的吊装设备和有较大的拼装场地

D. 模板拆除时，当混凝土强度大于 $1.2N/mm^2$ 时，应先拆除侧面模板，再拆除承重模板

E. 模板拆除的顺序和方法，应遵循先支后拆，先非承重部位，后承重部位以及自上而下的原则

【答案】1.×；2.D；3.C；4.D；5.C；6.ACE

考点 41：钢筋工程施工工艺 ★

教材点睛 教材 P100~P104

1. 钢筋加工包括：除锈、调直、切断、弯曲成型等工序。加工质量需满足设计及规范要求。

2. 钢筋的连接

（1）钢筋连接的方法分为三类：绑扎搭接、焊接和机械连接。其中，受拉钢筋的直径大于 25mm 及受压钢筋的直径大于 28mm 时，不宜采用绑扎搭接方式。

（2）钢筋绑扎搭接连接施工要点：同一构件中相邻纵向受力钢筋的绑扎搭接接头宜相互错开；纵向受拉钢筋搭接长度不小于 300mm，纵向受压钢筋搭接长度不小于 200mm。

（3）钢筋焊接连接方法有：钢筋电阻点焊、钢筋电弧焊、钢筋电渣压力焊。

（4）钢筋机械连接方法有：套筒挤压连接、锥螺纹套筒连接、镦粗直螺纹套筒连接、滚压直螺纹套筒连接（直接滚压螺纹、压肋滚压螺纹、剥肋滚压螺纹）。

3. 钢筋安装施工

（1）钢筋绑扎准备

1）核对成品钢筋的钢号、直径、形状、尺寸和数量等是否与料单料牌相符。

2）准备绑扎用的钢丝（20~22 号）、绑扎工具、绑扎架、水泥砂浆垫块或塑料卡等辅助材料、工具。

3）划出钢筋位置线，制定绑扎形式复杂结构部位的施工方案。

（2）基础钢筋绑扎施工要点

1）钢筋网的绑扎：单层网片及双层网片的下层网片，钢筋弯钩应朝上；双层网片的上层网片，钢筋弯钩朝下。钢筋交叉点应根据设计要求扎牢到位，注意相邻绑扎点铁丝扣成八字形布置。

2）双层钢筋网上下层之间应设置钢筋支撑，钢筋支撑间距1m，钢筋直径根据设计板厚确定。

3）柱插筋位置要准确，固定牢固。

（3）柱钢筋绑扎施工要点

1）柱中的竖向钢筋搭接绑扎时，角部钢筋的弯钩应与模板成45°（多边形柱为模板内角的平分角、圆形柱应与模板切线垂直），中间钢筋的弯钩应与模板成90°。

2）箍筋的接头应交错布置在四角纵向钢筋上；箍筋转角与纵向钢筋交叉点均应扎牢，绑扣相互间应成八字形。

3）下层柱的钢筋露出楼面部分，宜用工具式柱箍将其收进一个柱筋直径，以利于上层柱的钢筋搭接。

当柱截面有变化时，其下层柱钢筋的露出部分，必须在绑扎梁的钢筋之前先行收缩准确。

4）框架梁、牛腿及柱帽等钢筋，应放在柱的纵向钢筋内侧。

（4）梁、板钢筋绑扎施工要点

1）单向受力板，应先铺设平行于短边方向的受力钢筋，后铺设平行于长边方向分布钢筋；双向受力板，应先铺设平行于短边方向的受力钢筋，后铺设平行于长边方向的受力钢筋。

2）板上部的负筋、主筋与分布钢筋的相交点必须全部绑扎，并垫上保护层垫块；双层钢筋时，两层钢筋之间应设撑铁，管线应在负筋绑扎前预埋。

3）板、次梁与主梁交叉处，板的钢筋在上，次梁的钢筋居中，主梁的钢筋在下；当有圈梁或垫梁时，主梁的钢筋在上。

4）板上部负筋，双层钢筋上部钢筋，雨篷、挑檐、阳台等悬臂板钢筋，应采取防踩踏措施进行保护。

巩固练习

1.【判断题】当受拉钢筋的直径大于 22mm 及受压钢筋的直径大于 25mm 时，不宜采用绑扎搭接接头。   （   ）

2.【单选题】下列各项中，关于钢筋安装的基本规定正确的说法是（   ）。

A. 钢筋绑扎用的 22 号钢丝只用于绑扎直径 14mm 以下的钢筋

B. 基础底板采用双层钢筋网时，在上层钢筋网下面每隔 1.5m 放置一个钢筋撑脚

C. 基础钢筋绑扎的施工工艺流程为：清理垫层、画线→摆放下层钢筋，并固定绑扎→摆放钢筋撑脚（双层钢筋时）→绑扎柱墙预留钢筋→绑扎上层钢筋

D. 控制混凝土保护层用的水泥砂浆垫块或塑料卡的厚度，应等于保护层厚度

3.【单选题】钢筋机械连接的方法不包括（   ）。

A. 电渣压力焊连接   B. 滚压直螺纹套筒连接

C. 锥螺纹套筒连接   D. 套筒挤压连接

4.【多选题】下列各项中，属于钢筋加工的是（   ）。

A. 钢筋除锈   B. 钢筋调直

C. 钢筋切断   D. 钢筋冷拉

E. 钢筋弯曲成型

【答案】1. ×；2. D；3. A；4. ABCE

考点 42：混凝土工程施工工艺★

1. 混凝土工程施工工艺流程：混凝土拌合料的制备→运输→浇筑→振捣→养护。

2. 混凝土拌合料的运输

（1）运输要求：能保持混凝土的均匀性，不离析、不漏浆；浇筑点坍落度检测符合

设计配合比要求；应在混凝土初凝前浇入模板并捣实完毕；保证混凝土浇筑能连续进行。

（2）运输时间。【详见 P104 表 4-3】

（3）运输方案及运输设备：多采用混凝土搅拌运输车运；在工地内混凝土运输可选用"泵送"或"塔式起重机＋料斗"两种方式。

3. 混凝土浇筑施工要求

（1）基本要求

1）混凝土应连续作业，分层浇筑，分层捣实，但两层混凝土浇捣时间间隔不超过规范规定。

2）竖向结构混凝土前，应底部浇筑 50～100mm 厚与混凝土内砂浆同配比的水泥砂浆（接浆处理）；浇筑高度超过 2m 时，应采用溜槽或串筒下料。

3）浇筑过程应观察模板及其支架、钢筋、埋设件和预留孔洞的情况，当发现变形或位移应立即处理。

（2）施工缝的留设和处理

1）施工缝应留在结构受剪力较小且便于施工的部位。柱子应留水平缝，梁、板和墙应留垂直缝。

2）施工缝的处理：待施工缝混凝土抗压强度不小于 1.2MPa，可进行施工缝处理。将混凝土表面凿毛、清洗、清除水泥浆膜和松动石子或软弱混凝土层，再满铺一层厚 10～15mm 与混凝土同水灰比的水泥砂浆，方可继续浇筑混凝土。

（3）混凝土振捣：根据结构特点选用适用的振捣机械振捣混凝土，尽快将拌合物中的空气振出。振捣机械按其作业方式可分为：插入式振动器、表面振动器、附着式振动器和振动台。

4. 混凝土养护

（1）养护方法：自然养护（洒水养护、喷洒塑料薄膜养生液养护）、蒸汽养护、蓄热养护等。

（2）混凝土必须养护至其强度达到 1.2MPa 以上，方可上人、作业。

巩固练习

1.【判断题】自然养护是指利用平均气温高于 5℃的自然条件，用保水材料或草帘等对混凝土加以覆盖后适当浇水，使混凝土在一定的时间内在湿润状态下硬化。　（　　）

2.【判断题】混凝土必须养护至其强度达到 1.2MPa 以上，才准在上面行人和架设支架、安装模板。　（　　）

3.【单选题】下列关于混凝土拌合料运输过程中一般要求，说法不正确的是（　　）。

A. 保持混凝土的均匀性，不离析、不漏浆

B. 保证混凝土能连续浇筑

C. 运到浇筑地点时应具有设计配合比所规定的坍落度

D. 应在混凝土终凝前浇入模板并捣实完毕

4.【单选题】浇筑竖向结构混凝土前，应先在底部浇筑一层水泥砂浆，对砂浆的要求是(　　)。

A. 与混凝土内砂浆成分相同且强度高一级

B. 与混凝土内砂浆成分不同且强度高一级

C. 与混凝土内砂浆成分不同

D. 与混凝土内砂浆成分相同

5.【单选题】对采用硅酸盐水泥、普通硅酸盐水泥或矿渣硅酸盐水泥拌制的混凝土，养护的时间不得少于(　　)。

A. 7d
B. 10d
C. 5d
D. 14d

6.【多选题】关于施工缝的留设与处理的说法中，正确的是(　　)。

A. 施工缝宜留在结构受剪力较小且便于施工的部位

B. 柱应留水平缝，梁、板应留垂直缝

C. 在施工缝处继续浇筑混凝土时，应待浇筑的混凝土抗压强度不小于1.2MPa方可进行

D. 对施工缝进行处理需满铺一层厚20～50mm水泥浆或与混凝土同水灰比水泥砂浆，方可浇筑混凝土

E. 继续浇筑混凝土前，应清除施工缝混凝土表面的水泥浆膜、松动石子及软弱的混凝土层

7.【多选题】用于振捣密实混凝土拌合物的机械，按其作业方式可分为(　　)。

A. 插入式振动器
B. 表面振动器
C. 振动台
D. 独立式振动器
E. 附着式振动器

【答案】1.√；2.√；3.D；4.D；5.A；6.ABCE；7.ABCE

第四节　钢 结 构 工 程

考点43：钢结构工程施工★

教材点睛　教材 P105～P108

1. 钢结构的连接方法

(1) 焊接连接：常用方法有手工电弧焊、埋弧焊、气体保护焊。

(2) 螺栓连接：常用方法有普通螺栓连接、高强度螺栓连接、自攻螺钉连接、铆钉连接。

2. 钢结构安装施工工艺要点

（1）吊装施工：吊点采用四点绑扎，绑扎点应用软材料垫保护；起吊时，先将钢构件吊离地面 50cm 左右对准安装位置中心，然后将钢构件吊至需连接位置，对准预留螺栓孔就位；将螺栓穿入孔内，初拧固定，垂直度校正后终拧螺栓固定。

（2）高强度螺栓连接施工要点

1）根据设计要求复核螺栓的规格和螺栓号；将螺栓自由穿入孔内，不得强行敲打，不得切割扩孔。

2）应从螺栓群中央按顺序向外施拧，当天需终拧完毕；对于大型节点螺栓数量较多时，则需要增加一道复拧工序，复拧扭矩仍等于初拧的扭矩，以保证螺栓均达到初拧值。

3）施拧采用电动扭矩扳手，按拧紧力矩的 50% 进行初拧，然后按 100% 拧紧力矩进行终拧。拧紧时对螺母施加顺时针力矩，对梅花头施加逆时针力矩，终拧至栓杆端部断颈拧掉梅花头为止。

4）高强度螺栓上、下接触面处加有 1/20 以上斜度时应采用垫圈垫平。高强度螺栓不得兼作安装螺栓。高强度螺栓孔必须采用机械钻孔，中心线倾斜度不得大于 2mm。

（3）钢构件焊接连接

1）焊接区表面及其周围 20mm 范围内，应当彻底清除待焊处表面的氧化皮、锈、油污、水分等污物。

2）施焊前，焊工应复核焊接件的接头质量和焊接区域的坡口、间隙、钝边等的处理情况。

3）厚度 12mm 以下板材，可不开坡口；厚度较大板，需开坡口焊，一般采用手工打底焊。

4）多层焊时，一般每层焊高为 4～5mm；填充层总厚度低于母材表面 1～2mm，不得熔化坡口边；盖面层应使焊缝对坡口熔宽每边 3mm±1mm。

5）不应在焊缝以外的母材上打火引弧。

巩固练习

1.【判断题】钢构件焊接施焊前，焊工应复核焊接件接头质量和焊接区域的坡口、间隙、钝边等的处理情况。 （　　）

2.【单选题】钢结构的连接方法不包括（　　）。

A. 绑扎连接　　　　　　　　　　B. 焊接

C. 螺栓连接　　　　　　　　　　D. 铆钉连接

3.【单选题】下列关于高强度螺栓的拧紧方法，说法错误的是（　　）。

A. 高强度螺栓连接的拧紧应分为初拧、终拧

B. 对于大型节点应分为初拧、复拧、终拧

C. 复拧扭矩应当大于初拧扭矩

D. 扭剪型高强度螺栓拧紧时对螺母施加逆时针力矩

4.【单选题】下列焊接方法中，不属于钢结构工程常用的是（　　）。

A. 自动（半自动）埋弧焊 　　　　　　　B. 闪光对焊

C. 药皮焊条手工电弧焊 　　　　　　　　D. 气体保护焊

5.【单选题】钢结构气体保护焊目前应用较多的是（　　）。

A. 熔化极气体保护焊 　　　　　　　　　B. 钨极氩弧焊

C. 镍极氩弧焊 　　　　　　　　　　　　D. CO_2 气体保护焊

6.【多选题】下列关于钢结构安装施工要点的说法中，错误的是（　　）。

A. 起吊事先将钢构件吊离地面30cm左右，使钢构件中心对准安装位置中心

B. 高强度螺栓上、下接触面处加有1/15以上斜度时应采用垫圈垫平

C. 施焊前，焊工应检查焊接件的接头质量和焊接区域的坡口、间隙、钝边等的处理情况

D. 厚度大于12～20mm的板材，单面焊后，背面清根，再进行焊接

E. 焊道两端加引弧板和熄弧板，引弧和熄弧焊缝长度应大于或等于150mm

【答案】1. √；2. A；3. C；4. B；5. D；6. ABE

第五节　防　水　工　程

考点44：砂浆、混凝土防水施工工艺★

> **教材点睛** 教材 P108～P110
>
> **1. 防水砂浆施工工艺**
>
> （1）防水砂浆防水层属于刚性防水。
>
> （2）在水泥砂浆中掺入占水泥重量3％～5％的防水剂。常用的有氯化物金属盐类和金属皂类防水剂。
>
> （3）防水施工环境温度5～35℃，在结构变形、沉降稳定后进行。为防止裂缝可在防水层内增设金属网片。
>
> （4）基层处理：清理干净表面、浇水湿润、补平表面蜂窝孔洞，使基层表面平整、坚实、粗糙，以增加防水层与基层间的粘结力。
>
> （5）防水砂浆应分层施工，每层养护凝固或阴干后，方可进行下一层施工。
>
> （6）防水砂浆防水层完工并待其强度达到要求后，应进行检查，以防水层不渗水为合格。
>
> **2. 防水混凝土施工工艺**
>
> （1）选料：水泥选用强度等级不低于42.5级，水化热低，抗水（软水）性好，泌水性小（即保水性好），有一定的抗侵蚀性的水泥。粗骨料选用级配良好、粒径5～30mm的碎石。细骨料选用级配良好、平均粒径0.4mm的中砂。

（2）制备：水灰比尽可能小，一般不大于 0.6，坍落度不大于 50mm，水泥用量为 $320\sim400\text{kg/m}^3$，砂率取 $35\%\sim40\%$。

（3）防水混凝土浇筑与养护

1）模板：穿墙体的对拉螺栓，要加止水片，拆模后沿混凝土结构边缘将螺栓割断；或使用膨胀橡胶止水片，将膨胀橡胶止水片紧套于对拉螺栓中部即可。

2）钢筋：迎水面防水混凝土的钢筋保护层厚度不得小于 50mm；钢筋以及绑扎钢丝均不得接触模板；支撑用马凳铁架，应加焊止水环。

3）混凝土：严格分层连续浇筑，每层厚度不宜超过 $300\sim400\text{mm}$，机械振捣密实。混凝土终凝后，其表面覆盖草袋，并经常浇水养护，保持湿润，养护时间不少于 14d。

4）施工缝：底板混凝土应连续浇灌，不得留施工缝；墙体一般只允许留水平施工缝，必须留设垂直施工缝时，则应留在结构的变形缝处。

考点 45：涂料防水工程施工工艺★

1. 防水涂料防水层属于柔性防水层。常用的防水涂料有橡胶沥青类防水涂料、聚氨酯防水涂料、硅橡胶防水涂料、丙烯酸酯防水涂料、沥青类防水涂料等。

2. 找平层施工：有水泥砂浆找平层、沥青砂浆找平层、细石混凝土找平层三种，施工要求密实平整，找好坡度。找平层的种类及施工要求见【P110 表4-5】。

3. 防水层施工

（1）涂刷基层处理剂：涂刷时应用刷子用力薄涂，使涂料尽量刷进基层表面的毛细孔，并将基层可能留下来的少量灰尘等无机杂质，与基层牢固结合。

（2）涂刷防水涂料：施工方法有刮涂、刷涂和机械喷涂。

（3）铺设胎体增强材料：胎体增强材料可以是单一品种，也可以采用玻璃纤维布和聚酯纤维布混合使用。一般下层采用聚酯纤维布，上层采用玻璃纤维布。施工方法可采用湿铺法或干铺法铺贴。铺设时间在涂刷第二遍涂料时，或第三遍涂料涂刷前。

（4）收头处理：所有收头均应用密封材料压边，压边宽度不小于 10mm，收头处的胎体增强材料应裁剪整齐，不得出现翘边、皱折、露白等现象。

4. 保护层种类有水泥砂浆、泡沫塑料、细石混凝土和砖墙四种，施工要求不得损坏防水层。其施工要求详见【P112 表4-6】。

考点 46：卷材防水工程施工工艺★

1. 卷材防水材料：沥青防水卷材、高聚物改性沥青防水卷材。

2. 材料检验：防水卷材及配套材料应有产品合格证书和性能检测报告，材料进场后需进行材料复试。

3. 防水层施工要点

(1) 找平层表面应坚固、洁净、干燥。

(2) 基层处理剂应采用与卷材性能配套（相容）的材料，或采用同类涂料的底子油。

(3) 铺贴高分子防水卷材时，切忌拉伸过紧，以免使卷材长期处在受拉应力状态，加速卷材老化。

(4) 胶黏剂涂刷与粘合的间隔时间，受胶黏剂本身性能、气温湿度的影响，要根据试验、经验确定。

(5) 卷材搭接缝结合面应清洗干净，均匀涂刷胶黏剂后，要控制好胶黏剂涂刷与粘合间隔时间，粘合时要排净接缝间的空气，辊压粘牢。接缝口应采用宽度不小于10mm的密封材料封严，以确保防水层的整体防水性能。

巩固练习

1. 【判断题】防水砂浆防水层通常称为刚性防水层，是依靠增加防水层厚度和提高砂浆层的密实性来达到防水要求。（　　）

2. 【判断题】防水层每层应连续施工，素灰层与砂浆层允许不在同一天施工完毕。（　　）

3. 【单选题】下列关于防水砂浆防水层施工的说法中，正确的是（　　）。

A. 砂浆防水是分层分次施工，相互交替抹压密实的封闭防水整体

B. 背水面基层的防水层采用五层做法，迎水面基层的防水层采用四层做法

C. 防水层每层应连续施工，素灰层与砂浆层可不在同一天施工完毕

D. 揉浆既保护素灰层又起到防水作用，当揉浆难时，允许加水稀释

4. 【单选题】下列关于掺防水剂水泥砂浆防水施工的说法中，错误的是（　　）。

A. 施工工艺流程为找平层施工→防水层施工→质量检查

B. 采用抹压法分层铺抹防水砂浆，每层厚度为 10~15mm，总厚度不小于 30mm

C. 氯化铁防水砂浆施工时，底层防水砂浆抹完 12h 后，抹压面层防水砂浆，其厚13mm，分两遍抹压

D. 防水层施工时的环境温度为 5~35℃

5. 【单选题】下列关于涂料防水施工工艺的说法中，错误的是（　　）。

A. 防水涂料防水层属于柔性防水层

B. 一般采用外防外涂和外防内涂施工方法

C. 施工工艺流程为：找平层施工→保护层施工→防水层施工→质量检查

D. 找平层有水泥砂浆找平层、沥青砂浆找平层、细石混凝土找平层三种

6. 【单选题】下列关于涂料防水中防水层施工的说法中，正确的是（　　）。

A. 湿铺法是在铺第三遍涂料涂刷时，边倒料、边涂刷、边铺贴的操作方法

B. 对于流动性差的涂料，可以采用分条间隔施工的方法，条带宽 800～1000mm

C. 胎体增强材料混合使用时，一般下层采用玻璃纤维布，上层采用聚酯纤维布

D. 所有收头均应用密封材料压边，压边宽度不得小于 20mm

7.【单选题】下列关于卷材防水施工的说法中，错误的是( )。

A. 基层处理剂应采用与卷材性能配套（相容）的材料，或采用同类涂料的底子油

B. 铺贴高分子防水卷材时，切忌拉伸过紧，以免使卷材长期处在受拉应力状态，易加速卷材老化

C. 施工工艺流程为：找平层施工→防水层施工→保护层施工→质量检查

D. 卷材搭接接缝口应采用宽度不小于 20mm 的密封材料封严，以确保防水层的整体防水性能

8.【多选题】下列关于防水混凝土施工工艺的说法中，错误的是( )。

A. 水泥选用强度等级不低于 32.5 级

B. 在保证能振捣密实的前提下水灰比尽可能小，一般不大于 0.6，坍落度不大于 50mm

C. 为了有效起到保护钢筋和阻止钢筋的引水作用，迎水面防水混凝土的钢筋保护层厚度不得小于 35mm

D. 在浇筑过程中，应严格分层连续浇筑，每层厚度不宜超过 300～400mm，机械振捣密实

E. 墙体一般允许留水平施工缝和垂直施工缝

9.【多选题】下列关于涂料防水中找平层施工的说法中，正确的是( )。

A. 采用沥青砂浆找平层时，滚筒应保持清洁，表面可涂刷柴油

B. 采用水泥砂浆找平层时，铺设找平层 12h 后，需洒水养护或喷冷底子油养护

C. 采用细石混凝土找平层时，浇筑时混凝土的坍落度应控制在 20mm，浇捣密实

D. 沥青砂浆找平层一般不宜在气温 0℃ 以下施工

E. 采用细石混凝土找平层时，浇筑完板缝混凝土后，应立即覆盖并浇水养护 3d，待混凝土强度等级达到 1.2MPa 时，方可继续施工

【答案】1. √；2. ×；3. A；4. B；5. C；6. B；7. D；8. ACE；9. ABD

第五章　施工项目管理

第一节　施工项目管理的内容及组织

考点 47：施工项目管理的特点及内容●

教材点睛　教材 P114～P115

1. 施工项目管理的特点：①主体是建筑企业；②对象是施工项目；③管理内容是按阶段变化的；④要求是强化组织协调工作。

2. 施工项目管理的内容（八个方面）：①建立施工项目管理组织；②编制施工项目管理规划；③施工项目的目标控制；④施工项目的生产要素管理；⑤施工项目的合同管理；⑥施工项目的信息管理；⑦施工现场的管理；⑧组织协调。

考点 48：施工项目管理的组织机构★●

教材点睛　教材 P115～P119

1. 施工项目管理组织的主要形式：直线式、职能式、矩阵式、事业部式等。

2. 施工项目经理部：由企业授权，在施工项目经理的领导下建立的项目管理组织机构，是施工项目的管理层，其职能是对施工项目实施阶段进行综合管理。

（1）项目经理部的性质：相对独立性、综合性、临时性。

（2）建立施工项目经理部的基本原则：

1）根据所设计的项目组织形式设置。

2）根据施工项目的规模、复杂程度和专业特点设置。

3）根据施工工程任务需要调整。

4）适应现场施工的需要。

（3）项目经理部部门设置（5个基本部门）：经营核算部、技术管理部、物资设备供应部、质量安全部、安全后勤部。

（4）项目部岗位设置及职责

1）项目部设置最基本的六大岗位：施工员、质量员、安全员、资料员、造价员、测量员，还有材料员、标准员、机械员、劳务员等。

2）岗位职责

①施工项目经理：施工项目的最高责任人和组织者，是决定施工项目盈亏的关键性角色。

②项目技术负责人：在项目部经理的领导下，负责项目部施工生产、工程质量、安全生产和机械设备管理工作。

③ 施工员、质量员、安全员、资料员、造价员、测量员、材料员、标准员、机械员、劳务员都是项目的专业人员，是施工现场的管理者。

(5) 项目经理部的解体：企业工程管理部门是项目经理部解体善后工作的主管部门，主要负责项目经理部的解体后工程项目在保修期间问题的处理，包括因质量问题造成的返（维）修、工程剩余价款的结算以及回收等。

巩固练习

1.【判断题】施工项目管理是指建筑企业运用系统的观点、理论和方法对施工项目进行的决策、计划、组织、控制、协调等全过程的全面管理。　　　　　　　　（　　）

2.【判断题】在工程开工前，由项目经理组织编制施工项目管理实施规划，对施工项目管理从开工到交工验收进行全面的指导性规划。　　　　　　　　（　　）

3.【判断题】项目经理部是工程的主管部门，主要负责工程项目在保修期间问题的处理，包括因质量问题造成的返（维）修、工程剩余价款的结算以及回收等。　　　　（　　）

4.【判断题】在现代施工企业的项目管理中，施工项目经理是施工项目的最高责任人和组织者，是决定施工项目盈亏的关键性角色。　　　　　　　　（　　）

5.【判断题】施工现场包括红线以内占用的建筑用地和施工用地以及临时施工用地。
　　　　　　　　（　　）

6.【单选题】下列关于施工项目管理的特点说法，错误的是(　　)。

A. 对象是施工项目　　　　　　　　B. 主体是建设单位

C. 内容是按阶段变化的　　　　　　D. 要求强化组织协调工作

7.【单选题】下列不属于施工项目管理组织的主要形式的是(　　)。

A. 直线式　　　　B. 线性结构式　　　　C. 矩阵式　　　　D. 事业部式

8.【单选题】下列关于施工项目管理组织的形式的说法中，错误的是(　　)。

A. 线性项目组织适用于大型项目，工期要求紧，要求多工种、多部门配合的项目

B. 事业部式项目组织适用于大型经营型企业的工程承包项目

C. 部门控制式项目组织一般适用于专业性强的大中型项目

D. 矩阵式项目组织适用于同时承担多个需要进行项目管理工程的企业

9.【单选题】下列选项中，不属于项目经理部性质的是(　　)。

A. 法律强制性　　　B. 相对独立性　　　C. 综合性　　　D. 临时性

10.【单选题】下列选项中，不属于建立施工项目经理部的基本原则的是(　　)。

A. 根据所设计的项目组织形式设置

B. 适应现场施工的需要

C. 满足建设单位关于施工项目目标控制的要求

D. 根据施工工程任务需要调整

11.【单选题】下列不属于施工项目经理部综合性主要表现的是(　　)。

A. 随项目开工而成立，随着项目竣工而解体

B. 管理职能是综合的

C. 管理施工项目的各种经济活动

D. 管理业务是综合的

12. 【单选题】项目部设置的最基本的岗位不包括(　　)。

A. 统计员　　　　　　B. 施工员　　　　　　C. 安全员　　　　　　D. 质量员

13. 【多选题】施工项目管理周期包括(　　)、竣工验收、保修等。

A. 建设设想　　　　　　　　　　　　B. 工程投标

C. 签订施工合同　　　　　　　　　　D. 施工准备

E. 施工

14. 【多选题】下列各项中,不属于施工项目管理的内容的是(　　)。

A. 建立施工项目管理组织　　　　　　B. 编制《施工项目管理目标责任书》

C. 施工项目的生产要素管理　　　　　D. 施工项目的施工情况的评估

E. 施工项目的信息管理

15. 【多选题】下列各部门中,项目经理部不需设置的是(　　)。

A. 经营核算部门　　　　　　　　　　B. 物资设备供应部门

C. 设备检查检测部门　　　　　　　　D. 质量安全部门

E. 企业工程管理部门

【答案】1. √;2. √;3. ×;4. √;5. ×;6. B;7. B;8. C;9. A;10. C;11. A;
12. A;13. BCDE;14. BD;15. CE

第二节　施工项目目标控制

考点49:施工项目目标控制★●

教材点睛 教材 P119~P125

　　1. 施工项目目标控制主要包括:施工项目进度控制、质量控制、成本控制、安全控制四个方面。

　　2. 施工项目目标控制的任务

　　(1) 施工项目进度控制的任务:编制最优的施工进度计划;检查施工实际进度情况,对比计划进度,动态控制施工进程;出现偏差,分析原因和评估影响度,制定调整措施。

　　(2) 施工项目质量控制的任务:准备阶段编制施工技术文件,制定质量管理计划和质量控制措施,进行施工技术交底;施工阶段对实施情况进行监督、检查和测量,找出存在的质量问题,分析质量问题的成因,采取补救措施。

　　(3) 施工项目成本控制的任务:开工前预测目标成本,编制成本计划;项目实施过程中,收集实际数据,进行成本核算;对实际成本和计划成本进行比较,如果发生偏差,应及时进行分析,查明原因,并及时采取有效措施,不断降低成本。将各项生产费用控制在原来所规定的标准和预算之内,以保证实现规定的成本目标。

（4）施工项目安全控制的任务（包括职业健康、安全生产和环境管理）

1）职业健康管理的主要任务：制定并落实职业病、传染病的预防措施；为员工配备必要的劳动保护用品，按要求购买保险；组织员工进行健康体检，建立员工健康档案等。

2）安全生产管理的主要任务：制定安全管理制度、编制安全管理计划和安全事故应急预案；识别现场的危险源，采取措施预防安全事故；进行安全教育培训、安全检查，提高员工的安全意识和素质。

3）环境管理的主要任务：规范现场的场容环境，保持作业环境的整洁卫生；预防环境污染事件，减少施工对周围居民和环境的影响等。

3. 施工项目目标控制的措施

（1）施工项目进度控制的措施：组织措施、技术措施、合同措施、经济措施和信息管理措施等。

（2）施工项目质量控制的措施：提高管理、施工及操作人员素质；建立完善的质量保证体系；加强原材料质量控制；提高施工的质量管理水平；确保施工工序的质量；加强施工项目的过程控制（三检制）。

（3）施工项目安全控制的措施：安全制度措施、安全组织措施、安全技术措施。【详见 P123 表 5-1、表 5-2】

（4）施工项目成本控制的措施：组织措施、技术措施、经济措施、合同措施。

巩固练习

1.【判断题】项目质量控制贯穿于项目施工的全过程。 （ ）

2.【判断题】安全管理的对象是生产中一切人、物、环境、管理状态，安全管理是一种动态管理。 （ ）

3.【单选题】施工项目的劳动组织不包括（　　）。

A. 劳务输入　　　　　　　　　　B. 劳动力组织

C. 劳务队伍的管理　　　　　　　D. 劳务输出

4.【单选题】施工项目目标控制包括：施工项目进度控制、施工项目质量控制、（　　）、施工项目安全控制四个方面。

A. 施工项目管理控制　　　　　　B. 施工项目成本控制

C. 施工项目人力控制　　　　　　D. 施工项目物资控制

5.【单选题】下列各项措施中，不属于施工项目质量控制的措施的是（　　）。

A. 提高管理、施工及操作人员自身素质

B. 提高施工的质量管理水平

C. 尽可能采用先进的施工技术、方法和新材料、新工艺、新技术，保证进度目标实现

D. 加强施工项目的过程控制

6. 【单选题】施工项目过程控制中,加强专项检查,包括自检、(   )、互检。

A. 专检
B. 全检

C. 交接检
D. 质检

7. 【单选题】下列措施中,不属于施工项目安全控制的措施的是(   )。

A. 组织措施
B. 技术措施

C. 管理措施
D. 制度措施

8. 【单选题】下列措施中,不属于施工准备阶段的安全技术措施的是(   )。

A. 技术准备
B. 物资准备

C. 资金准备
D. 施工队伍准备

9. 【多选题】下列关于施工项目目标控制的措施说法,错误的是(   )。

A. 建立完善的工程统计管理体系和统计制度属于信息管理措施

B. 主要有组织措施、技术措施、合同措施、经济措施和管理措施

C. 落实施工方案,在发生问题时,能适时调整工作之间的逻辑关系,加快实施进度属于技术措施

D. 签订并实施关于工期和进度的经济承包责任制属于合同措施

E. 落实各层次进度控制的人员及其具体任务和工作责任属于组织措施

【答案】1. ×;2. √;3. D;4. B;5. C;6. A;7. C;8. C;9. BD

第三节 施工资源与现场管理

考点 50:施工资源与现场管理★●

> **教材点睛** 教材 P125~P128
>
> **1. 施工项目资源管理**
>
> (1) 施工项目资源管理的内容:劳动力、材料、机械设备、技术和资金等。
>
> (2) 施工资源管理的任务:确定资源类型及数量;确定资源的分配计划;编制资源进度计划;施工资源进度计划的执行和动态调整。
>
> **2. 施工现场管理**
>
> (1) 施工现场管理的任务
>
> 1) 全面完成生产计划规定的任务,包含产量、产值、质量、工期、资金、成本、利润和安全等。
>
> 2) 按施工规律组织生产,优化生产要素的配置,实现高效率和高效益。
>
> 3) 搞好劳动组织和班组建设,不断提高施工现场人员的思想和技术素质。
>
> 4) 加强定额管理,降低物料和能源的消耗,减少生产储备和资金占用,不断降低生产成本。
>
> 5) 优化专业管理,建立完善管理体系,有效地控制施工现场的投入和产出。

6）加强施工现场的标准化管理，使人流、物流高效有序。

7）治理施工现场环境，改变"脏、乱、差"的状况，注意保护施工环境，做到施工不扰民。

（2）施工项目现场管理的内容：规划及报批施工用地；设计施工现场平面图；建立施工现场管理组织；建立文明施工现场；及时清场转移。

巩固练习

1.【判断题】施工项目的生产要素主要包括劳动力、材料、技术和资金。 （ ）

2.【判断题】建筑辅助材料指在施工中被直接加工，构成工程实体的各种材料。

（ ）

3.【单选题】以下不属于施工资源管理任务的是( )。

A. 确定资源类型及数量 B. 设计施工现场平面图

C. 编制资源进度计划 D. 施工资源进度计划的执行和动态调整

4.【单选题】以下不属于施工项目现场管理内容的是( )。

A. 规划及报批施工用地 B. 设计施工现场平面图

C. 建立施工现场管理组织 D. 为项目经理决策提供信息依据

5.【单选题】资金管理主要环节不包括( )。

A. 资金回笼 B. 编制资金计划

C. 资金使用 D. 筹集资金

6.【单选题】以下属于确定资源分配计划的工作是( )。

A. 确定项目所需的管理人员和工种 B. 编制物资需求分配计划

C. 确定项目施工所需的各种物资资源 D. 确定项目所需资金的数量

7.【多选题】以下各项中，属于施工项目资源管理的内容的是( )。

A. 劳动力 B. 材料 C. 技术 D. 机械设备

E. 施工现场

8.【多选题】以下各项中，不属于施工资源管理的任务的是( )。

A. 规划及报批施工用地 B. 确定资源类型及数量

C. 确定资源的分配计划 D. 建立施工现场管理组织

E. 施工资源进度计划的执行和动态调整

9.【多选题】以下各项中，属于施工现场管理的内容的是( )。

A. 落实资源进度计划 B. 设计施工现场平面图

C. 建立文明施工现场 D. 施工资源进度计划的动态调整

E. 及时清场转移

【答案】1. ×；2. ×；3. B；4. D；5. A；6. B；7. ABCD；8. AD；9. BCE

第六章 建筑构造、建筑结构、建筑设备、市政工程的基本知识

第一节 建 筑 构 造

考点51：民用建筑的基本构造组成★

> **教材点睛** 教材P129
>
> 1. 民用建筑七个主要构造：基础、墙体（柱）、屋顶、门与窗、地坪、楼板层、楼梯。
> 2. 民用建筑次要构造：阳台、雨篷、台阶、散水、通风道等。
> 3. 建筑构造设计应遵循以下几项基本原则：
> ① 满足建筑物的使用功能及变化要求。
> ② 充分发挥所有材料的各种性能。
> ③ 注意施工的可能性与现实性。
> ④ 注意感官效果及对空间构成的影响。
> ⑤ 讲究经济效益和社会效益。
> ⑥ 符合相关各项建筑法规和规范的要求。

考点52：常见基础的构造★

> **教材点睛** 教材P129～P130
>
> 1. 基础是建筑承重结构在地下的延伸，承担建筑上部结构的全部荷载，并把这些荷载有效地传给地基。
> 2. 地基分为天然地基、人工地基两类。
> 3. 地基基础的设计使用年限不应小于建筑结构的设计使用年限。
> 4. 基础构造形式的确定随建筑物上部结构形式、荷载大小及地基土质情况而定。
> 5. 常见基础结构形式有：独立基础、条形基础、十字交叉基础、筏形基础、箱形基础、桩基础。

巩固练习

1. 【判断题】民用建筑通常由地基、墙或柱、楼板层、楼梯、屋顶、地坪、门窗等主要部分组成。 （ ）
2. 【判断题】桩基础具有施工速度快、土方量小、适应性强等优点。 （ ）
3. 【单选题】地基是承担（ ）传来的建筑全部荷载。

A. 基础　　　　　　　　B. 大地　　　　　　　C. 建筑上部结构　　　D. 地面一切荷载

4.【单选题】基础承担建筑上部结构的(　　)，并把这些(　　)有效地传给地基。

A. 部分荷载，荷载　　　　　　　　　　B. 全部荷载，荷载

C. 混凝土强度，强度　　　　　　　　　D. 混凝土耐久性，耐久性

5.【单选题】属于桩基础组成的是(　　)。

A. 底板　　　　　　　　B. 承台　　　　　　　C. 垫层　　　　　　　D. 桩间土

6.【多选题】建筑构造设计应遵循的基本原则有(　　)。

A. 满足建筑物的使用功能及变化要求　　B. 充分发挥所有材料的各种性能

C. 注意施工的可能性与现实性　　　　　D. 注意感官效果及对空间构成的影响

E. 讲究经济效益为主

7.【多选题】按照基础的形态，可以分为(　　)。

A. 独立基础　　　　　　　　　　　　　B. 扩展基础

C. 无筋扩展基础　　　　　　　　　　　D. 条形基础

E. 井格式基础

8.【多选题】基础构造形式的确定由(　　)情况而定。

A. 上部结构形式　　　　　　　　　　　B. 建筑物使用功能

C. 荷载大小　　　　　　　　　　　　　D. 地基土质情况

E. 经济和社会效益

【答案】1. ×；2. √；3. A；4. B；5. B；6. ABCD；7. ADE；8. ACD

考点 53：墙体构造★

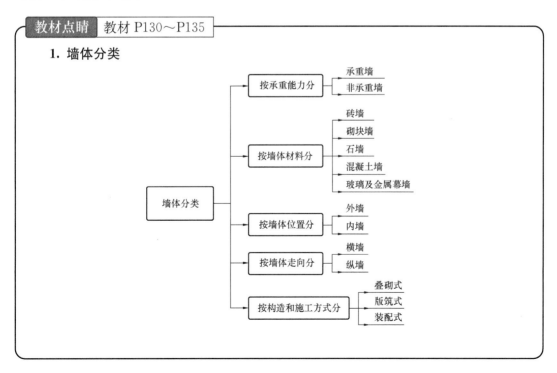

教材点睛　教材 P130～P135

1. 墙体分类

墙体分类
- 按承重能力分
  - 承重墙
  - 非承重墙
- 按墙体材料分
  - 砖墙
  - 砌块墙
  - 石墙
  - 混凝土墙
  - 玻璃及金属幕墙
- 按墙体位置分
  - 外墙
  - 内墙
- 按墙体走向分
  - 横墙
  - 纵墙
- 按构造和施工方式分
  - 叠砌式
  - 版筑式
  - 装配式

教材点睛 教材 P130～P135(续)

2. 墙体需要满足四个方面的要求：① 有足够的强度和稳定性；② 必要的保温、隔热性能；③ 一定的耐火能力；④ 满足隔声、防潮、防火及经济性等要求。

3. 砌块墙的细部构造包括：防潮层、勒脚、散水和明沟、窗台、过梁、圈梁、构造柱、通风道等。

4. 隔墙的构造

（1）隔墙的分类：立筋式隔墙、条板类隔墙和块材隔墙。

（2）立筋式隔墙：即为轻骨架隔墙，由骨架和面层两个部分组成。

（3）条板类隔墙：用一定厚度和刚度的条形板材，安装时不需要内骨架来支撑，直接拼接而成的隔墙。

（4）块材隔墙：由普通砖、空心砖、加气混凝土砌块等块材砌筑而成。

巩固练习

1.【判断题】为杜绝地下潮气对墙身的影响，砌体墙应该在勒脚处设置防潮层。

（   ）

2.【判断题】明沟应做横坡，坡度为 $0.5\% \sim 1\%$。 （   ）

3.【判断题】宽度超过 300mm 的洞口上部应设置过梁。 （   ）

4.【判断题】圈梁一般采用钢筋混凝土材料，其宽度应大于墙体厚度。 （   ）

5.【单选题】下列选项中，不属于墙的构造要求的是（   ）。

A. 足够的承载力   B. 稳定性

C. 保温   D. 防潮

6.【单选题】为杜绝地下潮气对墙身的影响，砌体墙应该在（   ）处设置防潮层。

A. 室内地坪   B. 室外地面

C. 勒脚   D. 散水

7.【单选题】当过梁跨度不大于 1.5m 时，可采用（   ）。

A. 钢筋砖过梁   B. 混凝土过梁

C. 钢筋混凝土过梁   D. 砖砌平拱过梁

8.【多选题】砌体墙的细部构造主要包括（   ）。

A. 防潮层   B. 保温层

C. 勒脚   D. 散水

E. 明沟

9.【多选题】构造柱一般应设置在（   ）。

A. 房屋的四角   B. 外墙

C. 楼梯间   D. 电梯间

E. 有错层的部位

10.【多选题】条板隔墙按使用部位的不同可分为（   ）。

A. 分户隔墙   B. 分室隔墙

C. 防火隔墙

D. 隔声隔墙

E. 外走廊隔墙

【答案】1. √；2. ×；3. √；4. ×；5. D；6. C；7. A；8. ACDE；9. ACDE；10. ABE

考点 54：楼板与地面构造★

教材 P135～P137

1. 楼板：沿水平方向分隔上下空间的结构构件，承受并传递竖向和水平荷载，应具有足够的承载力和刚度，具备一定的防火、隔声和防水能力。

2. 楼板的结构形式

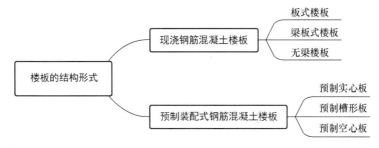

3. 地面基本构造

（1）实铺地面：根据设计要求，回填素土、碎石和三合土至设计标高，再浇筑素混凝土。

（2）架空地面：用预制板将底面室内地层架空，在接近室外的地面上留出通风洞，减少潮气的影响。

（3）地面防水：在用水频繁的房间，地面应有 1‰～1.5% 的坡度，并导向地漏；有水房间地面应比相邻房间地面低 20～30mm。对防水要求较高的房间，应在楼板与地面之间设置防水层。

考点 55：垂直交通设施的一般构造★●

教材 P137～P140

1. 建筑垂直交通设施主要包括：楼梯、电梯与自动扶梯。

2. 楼梯的组成：楼梯段、楼梯平台、栏杆和扶手。

3. 现浇钢筋混凝土楼梯构造

（1）特点：整体性好，刚度大，坚固耐久，可塑性强，抗震性好，能适应各种楼梯形式。

（2）按照楼梯梯段的传力特点，分为板式楼梯和梁式楼梯。

1）板式楼梯常用于楼梯荷载较小，楼梯段的跨度也较小的住宅等房屋。

教材点睛 教材 P137～P140(续)

2) 梁式楼梯适用于荷载较大，建筑层高较大的建筑。

4. 电梯与自动扶梯构造

（1）电梯主要由井道、机房和轿厢三部分组成。其中轿厢及拖动装置等设备由专业公司负责安装。

（2）自动扶梯由梯路（变形的板式输送机）和两旁的扶手（变形的带式输送机）组成；布局方式有并联排列式、平行排列式、串联排列式、交叉排列式等。

巩固练习

1. 【判断题】楼面层对楼板结构起保护和装饰作用。 （　　）

2. 【判断题】当长边与短边长度之比不大于 2.0 时，应按双向板计算。 （　　）

3. 【判断题】楼梯栏杆多采用金属材料制作。 （　　）

4. 【判断题】电梯机房应留有足够的管理、维护空间。 （　　）

5. 【单选题】大跨度工业厂房应用（　　）。

A. 钢筋混凝土楼板　　　　　　　　　　B. 压型钢板组合楼板

C. 木楼板　　　　　　　　　　　　　　D. 竹楼板

6. 【单选题】适用于跨度较小的房间的是（　　）。

A. 板式楼板　　　　　　　　　　　　　B. 梁板式楼板

C. 井字形密肋楼板　　　　　　　　　　D. 无梁楼板

7. 【单选题】适合比较小型的楼梯或对抗震设防要求较高的建筑的是（　　）。

A. 现浇钢筋混凝土楼梯　　　　　　　　B. 钢楼梯

C. 木楼梯　　　　　　　　　　　　　　D. 单跑楼梯

8. 【单选题】自动扶梯优先选用的角度是（　　）。

A. 28°　　　　　　　　　　　　　　　　B. 30°

C. 35°　　　　　　　　　　　　　　　　D. 32°

9. 【多选题】下列说法中正确的是（　　）。

A. 房间的平面尺寸较大时，应用板式楼板

B. 井字楼板有主梁、次梁之分

C. 平面尺寸较大且平面形状为方形的房间，应用井字楼板

D. 无梁楼板直接将板面载荷传递给柱子

E. 无梁楼板的柱网应尽量按井字网格布置

10. 【多选题】下列说法中正确的是（　　）。

A. 现浇钢筋混凝土楼梯整体性好、承载力高、刚度大，因此需要大型起重设备

B. 小型构件装配式楼梯具有构件尺寸小，重量轻，构件生产、运输、安装方便的优点

C. 中型、大型构件装配式楼梯装配容易，施工时不需要大型起重设备

D. 金属板是常见的踏步面层

E. 室外楼梯不应使用木扶手，以免淋雨后变形或开裂

【答案】1. √；2. √；3. √；4. √；5. B；6. A；7. A；8. B；9. CD；10. BE

考点 56：门与窗的构造★

教材点睛 | 教材 P140～P141

1. 门和窗是建筑物中的围护及分隔构件，是建筑物不可缺少的组成部分，有隔热、保温的功能。此外，建筑门窗造型和色彩的选择对建筑物的装饰效果影响也很大。

2. 门的主要功能是交通联系，兼具采光和通风的作用；由门框、门扇和门用五金件组成。

3. 窗的主要功能是采光、通风及观望，由窗樘、窗扇、窗五金件组成。

考点 57：屋顶的基本构造★●

教材点睛 | 教材 P141～P144

1. 屋顶：是建筑上层起承重和覆盖作用的构件，是建筑立面的重要组成部分。

2. 屋顶的类型

（1）按照屋顶的外形分类：平屋顶（屋面坡度在 10% 以下）、坡屋顶和曲面屋顶三种类型。

（2）按照屋面防水材料分类：柔性防水屋面、刚性防水屋面、构件自防水屋面、瓦屋面。

3. 屋面的基本构造层次【详见 P142 表 6-3】

4. 屋顶细部构造：包括檐口、檐沟和天沟、女儿墙和山墙、水落口、变形缝、伸出屋面管道、屋面出入口、反梁过水孔、设施基座、屋脊、屋顶窗等部位。

考点 58：建筑变形缝的构造★●

教材点睛 | 教材 P144

1. 变形缝：包括伸缩缝（温度缝）、沉降缝和防震缝三种缝型。

2. 伸缩缝（温度缝）的作用：防止因环境温度变化引起的变形对建筑物的破坏。

3. 沉降缝的作用：防止由于地基不均匀沉降引起的变形对建筑物的破坏。

4. 防震缝的作用：提高建筑的抗震能力，避免或减少地震对建筑的破坏。

巩固练习

1.【判断题】门在建筑中的作用主要是解决建筑内外之间、内部各个空间之间的交通联系。
（　　）

2.【判断题】立口具有施工速度快，门窗框与墙体连接紧密、牢固的优点。　（　　）

3.【判断题】屋顶主要起承重和围护作用，它对建筑的外观和体型没有影响。（　　）

4.【判断题】沉降缝与伸缩缝的主要区别在于墙体是否断开。　（　　）

5.【单选题】门与窗的作用不包括（　　）。

A. 采光、通风　　　　　　　　　　B. 围护

C. 分隔房间　　　　　　　　　　　D. 防火隔声

6.【单选题】下列关于门窗的叙述错误的是（　　）。

A. 门窗是建筑物的主要围护构件之一

B. 门窗都有采光和通风的作用

C. 窗必须有一定的窗洞口面积；门必须有足够的宽度和适宜的数量

D. 我国门窗主要依靠手工制作，没有标准图可供使用

7.【单选题】门窗塞口如处理不好容易形成（　　）。

A. 热桥　　　　　　　　　　　　　B. 裂缝

C. 渗水　　　　　　　　　　　　　D. 腐蚀

8.【单选题】下列关于屋顶的叙述错误的是（　　）。

A. 屋顶是房屋最上部的外围护构件　B. 屋顶是建筑造型的重要组成部分

C. 屋顶对房屋起水平支撑作用　　　D. 结构形式与屋顶坡度无关

9.【单选题】温度缝又称伸缩缝，是将建筑物（　　）断开。Ⅰ. 地基基础Ⅱ. 墙体Ⅲ. 楼板　Ⅳ. 楼梯　Ⅴ. 屋顶

A. Ⅰ、Ⅱ、Ⅲ　　　　　　　　　　B. Ⅰ、Ⅲ、Ⅴ

C. Ⅱ、Ⅲ、Ⅳ　　　　　　　　　　D. Ⅱ、Ⅲ、Ⅴ

10.【单选题】下列关于变形缝说法正确的是（　　）。

A. 伸缩缝基础埋于地下，虽然受气温影响较小，但必须断开

B. 沉降缝从房屋基础到屋顶全部构件断开

C. 一般情况下防震缝以基础断开设置为宜

D. 不可以将上述三缝合并设置

11.【单选题】防震缝的设置是为了预防（　　）对建筑物的不利影响而设计的。

A. 温度变化　　　　　　　　　　　B. 地基不均匀沉降

C. 地震　　　　　　　　　　　　　D. 荷载过大

12.【多选题】下列说法中正确的是（　　）。

A. 门在建筑中的作用主要是正常通行和安全疏散，但没有装饰作用

B. 门的最小宽度应能满足两人相对通行

C. 大多数房间门的宽度应为 900～1000mm

D. 当门洞的宽度较大时，可以采用双扇门或多扇门

E. 门洞的高度一般在 1000mm 以上

13.【多选题】窗的尺度取决于（　　）。

A. 采光　　　　　　　　　　　　　B. 通风

C. 保温　　　　　　　　　　　　　D. 构造做法

E. 建筑造型

14.【多选题】屋顶由( )组成。

A. 主要结构　　　　　　　　　　　　　　B. 屋面

C. 保温（隔热）层　　　　　　　　　　　D. 承重结构

E. 次要结构

15.【多选题】下列关于变形缝的描述，不正确的是(   )。

A. 伸缩缝可以兼做沉降缝

B. 伸缩缝应将结构从屋顶至基础完全分开，使缝两边的结构可以自由伸缩，互不
影响

C. 凡应设变形缝的厨房，二缝宜合一，并应按沉降缝的要求加以处理

D. 防震缝应沿厂房全高设置，基础可不设缝

E. 屋面伸缩缝主要是解决防水和保温的问题

【答案】1.√；2.×；3.×；4.×；5.D；6.C；7.B；8.D；9.D；10.B；11.C；
12.CD；13.ABDE；14.BCD；15.ABCE

考点 59：民用建筑的一般装饰构造★●

教材点睛　教材 P144～P147

1. **地面常见的装饰构造分为四种类型**：整体地面（水泥砂浆地面、水磨石地面
等）、块材地面（陶瓷类、天然石材、人造石材、木地板等）、卷材地面（软质聚氯乙烯
塑料地毡、橡胶地毡、地毯等）和涂料地面（油漆、人工合成高分子涂料等）。

2. **墙面装饰按选材分为**：抹灰类墙面、贴面类墙面、涂刷类墙面、裱糊类墙面、
铺钉类墙面。

3. **常见顶棚装饰构造有**：直接顶棚、吊顶棚（轻钢龙骨吊顶、矿棉吸声板吊顶）。

考点 60：排架结构单层厂房的基本构造

教材点睛　教材 P147～P148

1. 排架厂房结构体系类型有：砌体结构、混凝土结构和钢结构三类。

2. 排架结构单层厂房的基本构造：基础、排架柱、屋架、吊车梁、基础梁、连系
梁、支撑系统构件、屋面板、天窗架、抗风柱、外墙、门窗、地面等。

巩固练习

1.【判断题】民用建筑地面装饰的构造要求是坚固耐磨、硬度适中、热工性能好、隔
声能力强等。　　　　　　　　　　　　　　　　　　　　　　　　　　　　　　　（　　）

2.【判断题】地面常见的装饰构造有整体地面、块材、卷材地面和涂料地面。（　　）

3.【判断题】单层工业厂房的结构类型主要是钢架结构的一种形式。　　　　（　　）

4.【单选题】墙面常见的装饰构造不包括(   )。

A. 涂刷类墙面 　　　　　　　　　B. 抹灰类墙面

C. 贴面类墙面 　　　　　　　　　D. 浇筑类墙面

5.【单选题】面砖安装时，要抹（　　）打底。

A. 15mm 厚 1∶3 水泥砂浆 　　　　B. 10mm 厚 1∶2 水泥砂浆

C. 10mm 厚 1∶3 水泥砂浆 　　　　D. 15mm 厚 1∶2 水泥砂浆

6.【单选题】不属于直接顶棚的是（　　）。

A. 直接喷刷涂料顶棚 　　　　　　B. 直接铺钉饰面板顶棚

C. 直接抹灰顶棚 　　　　　　　　D. 吊顶棚

7.【单选题】为承受较大水平风荷载，单层厂房的自承重山墙处需设置（　　）以增加墙体刚度和稳定性。

A. 连系梁 　　　　　　　　　　　B. 圈梁

C. 抗风柱 　　　　　　　　　　　D. 支撑

8.【单选题】机电类生产车间多采用（　　）。

A. 砖混结构单层厂房 　　　　　　B. 排架结构单层厂房

C. 钢架结构单层厂房 　　　　　　D. 混凝土结构单层厂房

9.【多选题】地面装饰的分类包括（　　）。

A. 水泥砂浆地面 　　　　　　　　B. 抹灰地面

C. 陶瓷砖地面 　　　　　　　　　D. 水磨石地面

E. 塑料地板

10.【多选题】下列不属于墙面装饰的基本要求的是（　　）。

A. 装饰效果好 　　　　　　　　　B. 适应建筑的使用功能要求

C. 防止墙面裂缝 　　　　　　　　D. 经济可靠

E. 防水防潮

11.【多选题】单层工业厂房的结构类型有（　　）。

A. 混凝土结构 　　　　　　　　　B. 砖混结构

C. 排架结构 　　　　　　　　　　D. 钢架结构

E. 简易结构

12.【多选题】下列说法中正确的是（　　）。

A. 当厂房的钢筋混凝土柱子用现浇施工时，一般采用独立杯形基础

B. 屋盖系统主要包括屋架（屋面梁）、屋面板、屋盖支撑体系等

C. 连系梁主要作用是保证厂房横向刚度

D. 钢制吊车梁多采用"工"字形截面

E. 侧窗主要解决中间跨或跨中的采光问题

【答案】1. √；2. √；3. ×；4. D；5. A；6. D；7. C；8. C；9. ACDE；10. CE；11. BCD；12. BD

第二节 建 筑 结 构

考点 61：基础 ★●

教材点睛 教材 P148～P152

1. 常见基础结构形式

```
            ┌─ 按使用材料分类 ── 灰土基础、砖基础、毛石基础、混凝土基础、钢筋混凝土基础
            │
            │                    ┌─ 浅基础  埋置深度<5m或小于基础宽度4倍的基础
            ├─ 按埋置深度分类 ──┤
   基础 ────┤                    └─ 深基础  埋置深度≥5m或大于等于基础宽度4倍的基础
            │
            ├─ 按受力特点分类 ── 无筋扩展基础、扩展基础
            │
            └─ 按构造形式分类 ── 独立基础、条形基础、十字交叉基础、筏形基础、箱形基础、桩基础
```

2. 无筋扩展基础：俗称刚性基础，由刚性材料制作，有较好的抗压性能，但抗拉、抗剪强度低。

3. 扩展基础：该基础不受刚性角限制，抗弯和抗剪性能良好，一般为柱下钢筋混凝土独立基础和墙下钢筋混凝土条形基础。

4. 桩基础：根据材料可分为木桩、钢筋混凝土桩和钢桩等；根据荷载传递方式可分为端承桩和摩擦桩；根据断面形式可分为圆形桩、方形桩、环形桩、六角形桩和工字形桩等；根据施工方法可分为预制桩和灌注桩。

5. 独立基础：用作柱下独立基础和墙下独立基础；一般有阶形基础、锥形基础、杯形基础三种类型。

6. 条形基础：基础长度远远大于宽度的一种基础形式。

7. 十字交叉基础：适用于地基软弱，建筑荷载较大，柱网的柱荷载不均匀的建筑基础。

8. 筏形基础：柱下或墙下连续的平板式或梁板式钢筋混凝土基础。

9. 箱形基础：由底板、顶板、侧墙及一定数量内隔墙构成的整体刚度较好的单层或多层钢筋混凝土基础。

巩固练习

1.【判断题】浅基础是埋置深度小于5m或小于基础宽度4倍的基础。　　　　　（　　）

2.【判断题】无筋扩展基础有较好的抗压性能，但抗拉、抗剪强度低。　　　（　　）

3.【单选题】下列关于扩展基础的构造的说法中，错误的是（　　）。

A. 锥形基础的边缘高度不宜小于200mm

B. 垫层混凝土强度等级不宜低于 C20

C. 扩展基础受力钢筋最小配筋率不应小于 0.15%

D. 当有垫层时钢筋保护层的厚度不应小于 40mm

4.【单选题】下列关于桩和桩基的构造的说法中,错误的是(　　)。

A. 扩底灌注桩的中心距不宜小于扩底直径的 1.5 倍

B. 扩底灌注桩的扩底直径,不应大于桩身直径的 3 倍

C. 在确定桩底进入持力层深度时应考虑特殊土的影响

D. 水下灌注混凝土的桩身混凝土强度等级不宜高于 C30

5.【多选题】基础按构造形式可分为(　　)。

A. 独立基础　　　　　　　　　　B. 无筋扩展基础

C. 条形基础　　　　　　　　　　D. 十字交叉基础

E. 筏形基础

6.【多选题】扩展基础的构造应符合的规定有(　　)。

A. 锥形基础的边缘高度不宜小于 200mm

B. 垫层混凝土强度等级不宜低于 C20

C. 扩展基础受力钢筋最小配筋率不应小于 0.15%

D. 当有垫层时钢筋保护层的厚度不应小于 40mm

E. 混凝土强度等级不应低于 C20

【答案】1.√；2.√；3. B；4. D；5. ACDE；6. ACDE

考点 62：钢筋混凝土结构的基本知识★

教材点睛 教材 P152～P156

1. 常见的混凝土结构有：素混凝土结构、钢筋混凝土结构、预应力混凝土结构、装配式混凝土结构、装配整体式混凝土结构。

2. 混凝土结构设计

(1) 混凝土结构设计内容包括：①结构方案设计,包括结构选型、传力途径和构件布置；②作用及作用效应分析；③结构构件截面配筋计算或验算；④结构及构件的构造、连接措施；⑤对耐久性及施工的要求；⑤满足特殊要求结构的专门性能设计。

(2) 我国混凝土结构设计采用以概率理论为基础的极限状态设计方法。

(3) 混凝土结构的极限状态设计应包括：承载能力极限状态,结构或结构构件达到最大承载力、出现疲劳破坏或不适于继续承载的变形,或结构的连续倒塌。

3. 混凝土结构的计算

(1) 承载能力极限状态计算包括：正截面承载力计算、斜截面承载力计算、扭曲截面承载力计算、受冲切承载力计算、局部受压承载力计算、疲劳验算。

(2) 正常使用极限状态验算包括：裂缝控制验算、受弯构件挠度验算。

4. 混凝土结构构件：板、梁、柱、墙、叠合构件等。

5. 混凝土结构构造：伸缩缝、混凝土保护层、钢筋的锚固、钢筋的连接。

1.【判断题】混凝土结构的极限状态设计包括承载能力极限状态和正常使用极限状态。 （　　）

2.【判断题】钢筋混凝土单向板的跨厚比不大于30。 （　　）

3.【单选题】设计使用年限不少于50年时，非腐蚀环境中预制桩的混凝土强度等级不应低于（　　）。

A. C20 　　　　B. C25 　　　　C. C30 　　　　D. C35

4.【单选题】对于剪力墙结构，墙的厚度不宜小于层高的（　　）。

A. 1/15 　　　　B. 1/20 　　　　C. 1/25 　　　　D. 1/30

5.【单选题】构件中受力钢筋的保护层厚度不应小于（　　）倍钢筋直径。

A. 0.5 　　　　B. 1 　　　　C. 1.5 　　　　D. 2

6.【多选题】混凝土梁按其施工方法可分为（　　）。

A. 现浇梁 　　　　　　　　　　B. 预制梁

C. 钢筋混凝土梁 　　　　　　　D. 预应力混凝土梁

E. 预制现浇叠合梁

7.【多选题】下列属于构造钢筋构造要求的是（　　）。

A. 为避免墙边产生裂缝，应在支承周边配置上部构造钢筋

B. 嵌固于墙内板的板面附加钢筋直径大于等于10mm

C. 沿板的受力方向配置的上部构造钢筋，可根据经验适当减少

D. 嵌固于墙内板的板面附加钢筋间距大于等于200mm

E. 沿非受力方向配置的上部构造钢筋，可根据经验适当减少

【答案】1. √；2. √；3. C；4. C；5. B；6. ABE；7. AE

考点63：钢结构的基本知识 ★●

教材点睛 教材 P156～P157

1. 常见的钢结构用途：①空间结构；②工业厂房；③受动力荷载作用和抗震要求高的结构；④高耸结构；⑤钢和混凝土的组合结构等。

2. 钢结构设计

（1）钢结构设计内容：①结构方案设计，包括结构选型、构件布置；②材料选用；③作用及作用效应分析；④结构的极限状态验算；⑤结构、构件及连接的构造；⑥制作、运输、安装、防腐和防火要求；⑦满足特殊要求结构的专门性能设计。

（2）除疲劳计算外，钢结构采用以概率理论为基础的极限状态设计方法。

（3）正常使用极限状态包括：影响结构、构件或非结构构件正常使用或外观的变形，影响正常使用的振动，影响正常使用或耐久性能的局部损坏。

3. 钢结构计算：一般要进行受弯、拉弯、压弯、疲劳、连接计算。

教材点睛 教材 P156～P157（续）

4. 钢结构连接：包括焊缝连接、铆钉连接和螺栓连接三种形式。

5. 钢结构构件

（1）材料选用：建筑行业中常见的钢材型号有 Q235 钢、Q345 钢、Q390 钢和 Q420 钢。

（2）钢结构焊接材料和紧固材料应符合国家现行有关标准的规定。

考点 64：砌体结构的基本知识★

教材点睛 教材 P157～P159

1. 砌体结构常用砌体材料有：砖砌体、砌块砌体、石砌体。

2. 砌体结构设计：采用以概率理论为基础的极限状态设计方法。

3. 砌体结构计算

（1）房屋静力计算包括：刚性方案、弹性方案和刚弹性方案。

（2）无筋砌体结构构件：一般要进行受压、局部受压、轴心受拉、受弯、受剪计算。

（3）配筋砌块砌体构件：要进行正截面受压承载力计算、斜截面受拉承载力计算。

4. 砌体结构构件包括：网状配筋砖砌体构件、组合砖砌体构件、钢筋砌块砌体构件、过梁、圈梁、托梁和墙梁、挑梁。

巩固练习

1.【判断题】螺栓在构件上排列应简单、统一、整齐而紧凑。　　　　　（　　）

2.【判断题】同一连接接头中不得采用普通螺栓与焊接共用的连接。　　（　　）

3.【判断题】为了承受门窗洞口上部墙体的重量和楼盖传来的荷载，在门窗洞口上沿设置的梁称为圈梁。　　　　　　　　　　　　　　　　　　　　（　　）

4.【判断题】砌体所用的块材主要有砖、砌块和石材。　　　　　　　　（　　）

5.【单选题】工厂加工构件的连接宜采用（　　）。

A. 焊缝连接　　　　B. 铆钉连接　　　　C. 栓焊并用连接　　　D. 螺栓连接

6.【单选题】以钢板、型钢、薄壁型钢制成的构件是（　　）。

A. 排架结构　　　　B. 钢结构　　　　C. 楼盖　　　　　　　D. 配筋

7.【单选题】为了承受门窗洞口上部墙体的重量和楼盖传来的荷载，在门窗洞口上沿设置的梁称为（　　）。

A. 圈梁　　　　　　B. 过梁　　　　　　C. 托梁　　　　　　　D. 墙梁

8.【单选题】钢筋网间距不应大于 5 皮砖，不应大于（　　）mm。

A. 100　　　　　　B. 200　　　　　　C. 300　　　　　　　　D. 400

9.【多选题】钢结构主要应用于（　　）。

A. 重型厂房结构　　　　　　　　　　B. 可拆卸结构

C. 低层建筑　　　　　　　　　　　D. 板壳结构

E. 普通厂房结构

10.【多选题】下列属于螺栓受力要求的是(　　)。

A. 在受力方向螺栓的端距过小时，钢材有剪断或撕裂的可能

B. 在受力方向螺栓的端距过大时，钢材有剪断或撕裂的可能

C. 各排螺栓距和线距太小时，构件有沿折线或直线破坏的可能

D. 各排螺栓距和线距太大时，构件有沿折线或直线破坏的可能

E. 对受压构件，当沿作用线方向螺栓间距过大时，被连板间易发生鼓曲和张口现象

11.【多选题】截面形式的选择依据是(　　)。

A. 能提供强度所需要的截面积　　　B. 壁厚厚实

C. 制作比较简单　　　　　　　　　D. 截面开展

E. 便于和相邻的构件连接

12.【多选题】砂浆按照材料成分不同分为(　　)。

A. 水泥砂浆　　　　　　　　　　　B. 水泥混合砂浆

C. 防冻水泥砂浆　　　　　　　　　D. 非水泥砂浆

E. 混凝土砌块砌筑砂浆

13.【多选题】影响砌体抗压承载力的因素有(　　)。

A. 砌体抗压强度　　　　　　　　　B. 砌体环境

C. 偏心距　　　　　　　　　　　　D. 高厚比

E. 砂浆强度等级

14.【多选题】下列属于组合砌体构造要求的是(　　)。

A. 面层水泥砂浆强度等级不宜低于 M15，面层厚度 30～45mm

B. 面层混凝土强度等级宜采用 C20，面层厚度大于 45mm

C. 砌筑砂浆强度等级不宜低于 M7.5

D. 当组合砌体一侧受力钢筋多于 4 根时，应设置附加箍筋和拉结筋

E. 钢筋直径 3～4mm

【答案】1. √；2. √；3. ×；4. √；5. A；6. B；7. B；8. D；9. ABD；10. ACE；11. ACDE；12. ABDE；13. ACDE；14. BCD

第三节　建　筑　设　备

考点 65：建筑给水排水工程的基本知识 ★●

教材点睛 教材 P159～P163

1. 建筑给水系统

（1）建筑室内给水系统：分为生活给水系统、生产给水系统、消防给水系统等。

教材点睛 教材 P159～P163(续)

（2）建筑室内给水系统由引入管、计量仪表、建筑给水管网、给水附件、给水设备、配水设备等组成。

2. 建筑排水系统

（1）建筑排水系统：分为生活污水排水系统、生产污（废）水排水系统和雨（雪）水排水系统等。

（2）建筑排水系统由污(废)水收集器、排水管道、通气管、清通装置和提升设备组成。

3. 建筑给水排水工程常用管材

（1）建筑给水常用管材：①金属管（焊接钢管、无缝钢管、铜管、铸铁管、铝塑管等）；②非金属管［塑料管：硬聚氯乙烯（PVC-U）管和高密度聚乙烯（HDPE）管两种；其他非金属管材：自应力和预应力钢筋混凝土管］。

（2）建筑排水常用管材：①塑料管（PVC-U 管、UPVC 隔声空壁管、UPVC 芯层发泡管、ABS 管等）；②铸铁管；③钢管（可采用焊接或配件连接）。

4. 常见的给水排水系统

（1）常见的给水系统（4 种方式）：①直接给水方式；②单设水箱给水方式；③设水泵给水方式；④设水池、水泵和水箱的联合给水方式。

（2）常见的排水系统（2 种方式）：①分流制；②合流制。

巩固练习

1.【判断题】室内给水管网中的干管是将引入管送来的水输送到各个支管中的水平管段。   （ ）

2.【判断题】室内给水管网中的支管是将立管送来的水输送到各个配水装置或用水装置的管段。   （ ）

3.【判断题】建筑排水系统分为生活污水排水系统、生产污水排水系统和雨水排水系统。   （ ）

4.【单选题】低压流体输送管又称为（   ）。

A. 焊接钢管　　　　　　　　　　B. 无缝钢管
C. 铜管　　　　　　　　　　　　D. 铸铁管

5.【单选题】普通焊接钢管用于输送流体工作压力不大于（   ）MPa 的管路。

A. 0.5　　　　　　　　　　　　B. 1
C. 1.5　　　　　　　　　　　　D. 1.6

6.【单选题】加厚焊接钢管用于输送流体工作压力不大于（   ）MPa 的管路。

A. 0.5　　　　　　　　　　　　B. 1
C. 1.5　　　　　　　　　　　　D. 1.6

7.【多选题】按压力不同，给水铸铁管可分为（   ）。

A. 低压　　　　　　　　　　　　B. 中压
C. 高压　　　　　　　　　　　　D. 超低压

E. 超高压

8.【多选题】建筑排水的塑料管包括（　　）。

A. PVC-U 管　　　　　　　　　　　B. UPVC 隔声空壁管

C. UPVC 芯层发泡管　　　　　　　D. ABS 管

E. HDPE 管

9.【多选题】常见的给水系统有（　　）。

A. 合流制给水方式　　　　　　　　B. 单设水箱给水方式

C. 水泵给水方式　　　　　　　　　D. 联合给水方式

E. 直接给水方式

【答案】1. ×；2. √；3. √；4. A；5. B；6. D；7. ABC；8. ABCD；9. BCDE

考点 66：供热工程的基本知识★●

教材点睛　教材 P163～P164

1. 供热系统：主要由热源、供热管网和用户三部分组成。

2. 供热系统的热媒：分为热水、蒸汽和热风。

3. 局部供热系统和集中供热系统

（1）局部供热系统：将热源和散热设备合并为一体，分散设置在各个房间。

（2）集中供热系统：由远离供热房间的热源、输热管道和散热设备等组成。

4. 热水和蒸汽供热系统

（1）机械循环热水供暖系统常用形式：双管系统、垂直单管系统、水平式系统、同程式和异程式系统。

（2）蒸汽供热系统：按照蒸汽相对压力大小，分为低压蒸汽供暖系统和高压蒸汽供暖系统。

（3）低温热水地板辐射供暖系统：以温度不高于60℃的热水为热媒，通过地面以辐射和对流的传热方式向室内供热的供暖系统。

考点 67：建筑通风与空调工程的基本知识★

教材点睛　教材 P164～P166

1. 通风系统分类（4种类型）：自然通风；机械通风；全面通风；局部通风。

2. 空调系统的分类

（1）按空气处理设备设置情况分为：集中式空气调节系统；半集中式空气调节系统；全分散空气调节系统。

（2）按空气来源分为：封闭式系统；直流式系统；回风式系统。

（3）按所用介质分为：全空气系统；全水空调系统；空气—水空调系统；直接蒸发空调系统。

巩固练习

1. 【判断题】集中供热系统是将热源和散热设备合并为一体，分散设置在各个房间。

( )

2. 【判断题】通风系统一般不循环使用回风。 ( )

3. 【多选题】热水供热系统按照热媒参数，可分为( )。

A. 低温热水供热系统 B. 高温热水供热系统

C. 自然循环系统 D. 机械循环系统

E. 单管系统

4. 【多选题】热水供热系统按照系统循环动力，可分为( )。

A. 低温热水供热系统 B. 高温热水供热系统

C. 自然循环系统 D. 机械循环系统

E. 单管系统

5. 【多选题】空调系统按空气处理设备设置情况分为( )。

A. 集中式空气调节系统 B. 半集中式空气调节系统

C. 全分散空气调节系统 D. 部分分散空气调节系统

E. 全空气系统

6. 【多选题】空调系统按空气来源可分为( )。

A. 集中式空气调节系统 B. 封闭式系统

C. 直流式系统 D. 回风式系统

E. 全空气系统

7. 【多选题】空调系统按所用介质分类可分为( )。

A. 全水空调系统 B. 空气—水空调系统

C. 直接蒸发空调系统 D. 回风式系统

E. 全空气系统

【答案】1. ×；2. √；3. AB；4. CD；5. ABC；6. BCD；7. ABCE

考点 68：建筑供电与照明工程的基本知识 ★●

教材点晴 教材 P166～P170

1. 供配电系统

（1）电力系统：由发电厂、电力网和电力用户组成。

（2）根据电力负荷对供电可靠性的要求及中断供电在政治、经济上所造成的损失或影响的程度，分为三级。不同等级负荷对电源的要求不同。

1）一级负荷对电源的要求：①普通一级负荷应由两个电源供电；②一级负荷中特别重要的负荷，除应具备两个电源供电外，应增设应急电源；③应急电源、不能与电网电源并列运行，并严禁将其他负荷接入该应急供电系统。

2）二级负荷对电源的要求：当采用架空线时，可为一回架空线供电；当采用电缆线路时，应采用两根电缆组成的线路供电，且每根电缆应能承受100%的二级负荷。

3）三级负荷对电源的要求：对供电电源无要求，在可能的情况下，也应提高其供电的可靠性。

（3）建筑供电系统由高压电源、变配电所和输配电线路组成。配电线路分为室外配电线路和室内配电线路。

（4）建筑低压配电系统

1）由配电装置（配电柜或屏）和配电线路（干线及分支线）组成。

2）系统分类：动力配电系统和照明配电系统。

3）配电方式有放射式、树干式及混合式三种。

2. 施工现场临时用电

（1）施工现场临时用电组织设计内容包括：现场勘测；确定电源进线、变电所或配电室、配电装置、用电设备位置及线路走向；进行负荷计算；选择变压器；设计配电系统；设计防雷装置；确定防护措施；制定安全用电措施和电气防火措施。

（2）安全技术档案包括：用电组织设计的全部资料；修改用电组织设计的资料；用电技术交底资料；用电工程检查验收表；电气设备的试、检验凭单和调试记录；接地电阻、绝缘电阻和漏电保护器漏电动作参数测定记录表；定期检（复）查表；电工安装、巡检、维修、拆除工作记录。

（3）临时用电供配电方式采用电源中性点直接接地的380/220V三相五线制供电；配电箱一般为三级设置，即总配电箱、分配电箱和开关箱；每台机械都应有专用的开关箱，即一机、一闸、一漏、一箱。

（4）施工机械和电动工具的用电要求

1）起重机：应按要求进行重复接地和防雷接地；塔身高于30m时，应在塔顶和臂架端部设红色信号灯；起重机附近有强电磁场时，吊钩与机体之间采取隔离措施。

2）电焊机：一次侧电源应采用橡套缆线，其长度不得大于5m；电焊机二次侧线宜采用橡套多股铜芯软电缆，其长度不得大于50m。

3）移动式设备及手持电动工具：应装设漏电保护装置，并定期检查；电源线必须使用三芯（单相）或三相四芯橡套缆线，电缆不得有接头，不能随意加长或随意调换；露天使用的电气设备及元件，应选用防水型或采取防水措施，浸湿或受潮的电气设备要进行必要的干燥处理，绝缘电阻符合要求后才能使用。

（5）防雷与接地

1）雷电的危害分为：直击雷、雷电感应、雷电波侵入、球状雷电。

2）建筑物防雷分为三类，一般根据建筑物的防雷等级确定其防雷措施。

3）接地和接零类型分为：工作接地、保护接地、工作接零、保护接零、重复接地、防雷接地、屏蔽接地、专用电子设备的接地、接地模块。

3. 建筑电气照明

常用照明电光源和灯具

（1）电光源根据发光原理可分为热辐射光源（如钨丝白炽灯、卤钨灯等）和气体放电光源（如金属卤化物灯、霓虹灯等）两大类。

（2）照明灯具的采用应考虑经济性、技术性、装饰性、环境和安装条件等要求。

4. 建筑供配电及照明节能

（1）输配电系统应确定合适的电压等级，选择节电设备，提高系统整体节约电能的效果，提高输配电系统的功率因数。

（2）照明系统应采用多种方式，以保证节能的有效控制。优先选择高效照明光源、高效灯具及开启式直接照明灯具，限制白炽灯的使用量。

巩固练习

1.【判断题】普通一级负荷有两个电源供电，两个电源可以同时发生故障。 （ ）

2.【判断题】二级负荷有两条回线路供电，当电源来自同一区域变电站的不同变压器时认为满足要求。 （ ）

3.【判断题】分配电箱与开关箱的距离不超过 30m。 （ ）

4.【判断题】交流单芯电缆分项后，需形成闭合铁磁回路。 （ ）

5.【单选题】接闪器与防雷专设或专用引下线连接做法正确的是（ ）。

A. 螺栓连接   B. 焊接或卡接器连接

C. 铆接   D. 绑扎搭接

6.【多选题】属于建筑低压配电方式的是（ ）。

A. 放射式   B. 总分式

C. 树干式   D. 混合式

E. 矩阵式

7.【多选题】下列属于按照使用性质分类的照明方式有（ ）。

A. 一般照明   B. 正常照明

C. 应急照明   D. 警卫照明

E. 明视照明

8.【多选题】照明灯具按照灯具的安装方式可分为（ ）等。

A. 悬吊式灯具   B. 吸顶灯具

C. 嵌入式灯具   D. 壁灯

E. 防水灯具

【答案】1. ×；2. √；3. √；4. ×；5. B；6. ACD；7. BCD；8. ABCD

第四节 市 政 工 程

考点 69：城镇道路的基本知识★

教材点晴 教材 P170～P173

1. 道路的分类

(1) 按照道路所在位置、交通性质及其使用特点，可分为公路、城市道路、林区道路、厂矿道路和乡村道路等。

(2) 根据道路在城市道路系统中的地位和交通功能，可分为快速路、主干路、次干路、支路。

2. 道路的组成

(1) 道路主要由线形和结构两部分组成。

(2) 线形组成

1) 城市道路横断面可分为单幅路、两幅路、三幅路、四幅路及特殊形式的断面。

2) 城市道路由机动车道、非机动车道、人行道、分车带、设施带、绿化带等组成，特殊断面还可包括应急车道、路肩和排水沟等。

(3) 结构组成：主要由路基和路面组成。

3. 路基

(1) 路基的作用：贯穿道路全线，连通全线的桥梁、隧道、涵洞，是道路质量的关键。

(2) 影响路基质量的因素：排水不畅、压实度不够、温度低等。

(3) 路基的形式分为：路堤（高于原地面的填方路基）；路堑（低于原地面的挖方路基）；半挖半填路基（填挖结合路基）。

(4) 路基质量要求：结构尺寸，整体结构（包括周围地层），强度和抗变形能力，整体水稳定性。

4. 路面

(1) 路面的作用：供车辆行驶的结构。

(2) 影响路面质量的因素：大气和水温条件、行车荷载等不确定性因素。

(3) 路面质量要求：强度和刚度、稳定性、耐久性、表面平整、抗滑性和环保性。

(4) 路面结构：一般分为面层、垫层、基层；高级道路路面还会增加联结层和底基层。

5. 道路主要公用设施：交通安全管理设施（交通标志、标线和信号灯）和服务设施（交通基础设施、公共交通站点、道路照明、人行天桥和人行地道）等。

巩固练习

1.【判断题】低于原地面的挖方路基称为路堤，有全挖路基、台口式路基及半山洞

路基。 ( )

2.【判断题】城市道路照明分为机动交通道路照明和人行道路照明。 ( )

3.【单选题】设置在特大或大城市外环，主要为城镇间提供大流量、长距离的快速公交服务的城镇道路是( )。

A. 快速路 B. 次干路

C. 支路 D. 主干路

4.【单选题】以交通功能为主，连接城市各主要分区干路的是( )。

A. 快速路 B. 次干路

C. 支路 D. 主干路

5.【多选题】城市道路由( )等组成。

A. 快车道 B. 非机动车道

C. 人行道 D. 绿化带

E. 设施带

6.【多选题】交通基础设施包括( )。

A. 交通广场 B. 停车场

C. 加油站 D. 公共汽车停靠站台

E. 信号灯

7.【多选题】人行道路照明的评价值指标为( )。

A. 路面平均照度 B. 路面最小照度

C. 路面照度均匀度 D. 路面垂直照度

E. 炫光限制

【答案】1. ×；2. ×；3. A；4. D；5. BCDE；6. ABC；7. ABD

考点 70：城市桥梁的基本知识★

教材点睛 教材 P173～P177

1. 桥梁的分类

（1）按照结构形式分为：梁式桥（简支梁桥、连续梁桥和悬臂梁桥）、拱式桥（简单体系拱式桥、组合体系拱式桥）、刚架桥（铰支承刚架桥和固定端刚架桥）、悬索桥、组合体系桥五种基本类型。常见的组合体系桥有梁与拱组合式桥、悬索结构与梁式结构的组合式桥（斜拉桥）。

（2）按照多孔跨径总长度或单孔跨径的长度分为：特大桥、大桥、中桥和小桥。

2. 桥梁的组成：上部结构（桥跨结构和支座系统）、下部结构（包括桥台、桥墩和基础）和附属结构（桥头搭板、锥形护坡、护岸、导流工程）等。

3. 桥梁上部结构

（1）结构形式有：梁式桥、拱式桥、斜拉桥、悬索桥。

（2）桥面系包括：桥面铺装、桥面防水与排水、桥面伸缩装置、人行道、栏杆与灯杆等。

（3）……式、反力力值、支承处的位移及转角变形值选取不同的支……

4.……实体桥墩、空心桥墩、柱式桥墩、柔性墩和框架……墩）、……框架桥台和组合式桥台）、墩台基础（扩大基础、桩与管……

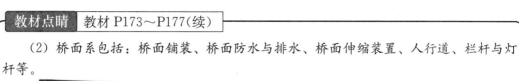

巩固……

1.……土强度等级不应低于C40。　　　　　　（　　）

2.……构传来的荷载。　　　　　　　　　　　（　　）

3.……（　　）组成。

A.……　　　　　　　　　　　B. 支座

C.……　　　　　　　　　　　D. 下部结构

E.……

4.……系？（　　）

A.……　　　　　　　　　　　B. 人行道

C.……　　　　　　　　　　　D. 系梁

E.……

5.……括（　　）。

……　　　　　　　　　　　B. 桥台

C.……　　　　　　　　　　　D. 墩柱

……面系构成的是（　　）。

……　　　　　　　　　　　B. 防水和排水系统

……　　　　　　　　　　　D. 安全带

【答案】1.……　　4. ABCE；5. ABDE；6. ABC

考点 71：市政管道的基本知识 ★●

市政基础工程设施分为：给水管道、排水管道、燃气管道、热力管道、电力电缆和通信电缆六大类。

1. 给水管道工程

(1) 功能：为城市输送生活用水、生产用水、消防用水、市政绿化及喷洒道路用水。

(2) 构成：包括输水管道和配水管网两部分。

1) 给水管道系统的组成：取水构筑物、水处理构筑物、泵站、输水管道、配水管网和调节构筑物等。

2) 给水管网的布置主要受水源地地形、城市地形、城市道路、用户位置及分布情况、水源及调节构筑物的位置、城市障碍物情况等因素的影响。

3) 常用给水管材：铸铁管、钢管、钢筋混凝土压力管、预应力钢筒混凝土管、塑料管等。

4) 常见给水管网附属构筑物：阀门井、泄水阀井、排气阀井、支墩等。

2. 排水管道工程

(1) 功能：用于收集生活污水、工业废水和雨水。

(2) 排水管道系统：有合流制（直排式合流制、截流式合流制）和分流制（完全分流制和不完全分流制）两种基本形式。

(3) 排水管网的布置：地形是最关键的因素；按照地形考虑布置形式有正交式、截流式、平行式、分区式、分散式、环绕式。

(4) 常用排水管材有：混凝土管和钢筋混凝土管、陶土管、金属管、排水渠道、新型管材（UPVC加筋管、PVC管、HDPE管、玻璃钢夹砂管）等。

(5) 排水管网附属构筑物有检查井、跌水井、水封井、换气井、冲洗井、雨水溢流井等。

3. 其他市政管道工程 包括：燃气管道（分配管道和用户引入管）、热力管道（热水或蒸汽输送管道）、电力电缆（动力电缆、照明电缆、电车电缆等）、通信电缆（市话电缆、长话电缆、光纤电缆、广播电缆、电视电缆、军队及铁路专用通信电缆等）。

巩固练习

1.【判断题】排水管道收集的生活污水和工业废水被送至污水处理厂，而雨水一般不处理也不利用，就近排放。 （　　）

2.【判断题】电力电缆主要分为低压电缆和高压电缆。 （　　）

3.【单选题】一般情况下，市政排水管道采用（　　）。

A. 混凝土管 　　　　　　　　　　 B. 陶土管

C. 金属管 　　　　　　　　　　　 D. 新型管材

4.【多选题】排水制度分为合流制和分流制，合流制包括（　　）。

A. 直排式合流制 　　　　　　　　 B. 截流式合流制

C. 部分合流制 　　　　　　　　　 D. 完全合流制

E. 联合合流制

5.【多选题】一般情况下，市政排水管道采用(   )。

A. 混凝土管   B. 陶土管

C. 金属管   D. 新型管材

E. 钢筋混凝土管

【答案】1. √；2. ×；3. A；4. AB；5. AE

第七章 工程质量控制与工程检测

第一节 工程质量控制的基本知识

考点72：工程质量控制的基本原理★

教材点睛 教材 P180～P185

1. 工程项目的质量特性：可用性、可靠性、经济性、协调性、建设单位要求的其他特殊功能。

2. 工程质量管理的主要特点：影响因素多；波动大；隐蔽性强；终检的局限性。

3. 影响工程质量的因素（五个方面）：人、材料、机械、方法和环境，简称为4M1E 因素。

4. 工程质量控制的内容：确定控制对象、规定控制标准、制定控制方法、明确检验方法和手段、实际进行检验、分析说明差异原因、解决差异问题。

5. 工程质量控制方法：PDCA 循环方法，即计划 P、实施 D、检查 C、处置 A。

6. 工程质量控制的基本原则：坚持质量第一；坚持以人为核心；坚持预防为主。

7. 工程质量管理体系

（1）ISO 9000 质量管理体系

1）ISO 9000 质量管理标准的四项核心内容：ISO 9000：2015《质量管理体系 基础和术语》；ISO 9001：2015《质量管理体系 要求》；ISO 9004：2013《质量管理体系 业绩改进指南》；ISO 19011：2011《质量和环境管理体系 审核指南》。

2）ISO 9000 质量管理标准的两个基本思想：①控制的思想；②预防的思想。

3）ISO 9000 质量管理的原则：①以顾客为关注焦点；②领导作用；③全员参与；④过程方法；⑤关系管理；⑥持续改进；⑦循环决策。

4）ISO 9000 质量管理体系建立的两个阶段。

①质量管理体系的策划与总体设计。

②质量管理体系文件的编制：包括质量手册、质量管理体系程序文件、质量计划、质量记录等。

5）为保证质量管理体系有效运行的两个措施：①认识到位；②管理考核到位。

（2）《工程建设施工企业质量管理规范》GB/T 50430—2017

1）规范实施的目的：进一步强化和落实质量责任，提高企业自律和质量管理水平，促进施工企业质量管理的科学化、规范化和法制化。

2）作为施工企业质量管理的第一个管理性规范，具有先进性、指导性、灵活性等特点。

1.【判断题】影响工程质量的因素归纳起来为：人、材料、机械、方法和环境。

（　　）

2.【判断题】工程质量控制的内容是"采取的作业技术和活动"。　　　　　（　　）

3.【判断题】ISO 9000 质量管理标准的基本思想主要有：控制的思想和预防的思想。

（　　）

4.【单选题】下列不属于工程质量的主要特点的是（　　　）。

A. 影响因素多　　　　　　　　　　B. 协调性好

C. 波动大　　　　　　　　　　　　D. 隐蔽性强

5.【单选题】下列不属于工程项目质量协调性的内容是（　　　）。

A. 造型与美感　　　　　　　　　　B. 空间布置合理性

C. 与生态环境的协调　　　　　　　D. 与社区环境的协调

6.【单选题】下列不属于影响工程质量的方法工艺的是（　　　）。

A. 施工机械设备　　　　　　　　　B. 施工组织设计

C. 施工方案　　　　　　　　　　　D. 工艺技术

7.【单选题】下列不属于影响工程施工质量的环境条件的是（　　　）。

A. 现场施工环境　　　　　　　　　B. 自然环境条件

C. 工程技术条件　　　　　　　　　D. 施工组织设计

8.【单选题】目标控制的基本方法中，A 表示（　　　）。

A. 计划　　　　　　　　　　　　　B. 实施

C. 检查　　　　　　　　　　　　　D. 处置

9.【多选题】工程质量管理具有以下主要特点（　　　）。

A. 影响因素多　　　　　　　　　　B. 协调性好

C. 波动大　　　　　　　　　　　　D. 隐蔽性强

E. 终检存在局限性

10.【多选题】可用性中建筑物理功能包括（　　　）。

A. 采热　　　　　　　　　　　　　B. 通风

C. 采光　　　　　　　　　　　　　D. 隔声

E. 隔热

11.【多选题】影响工程施工质量的工程材料包括（　　　）。

A. 原材料　　　　　　　　　　　　B. 半成品

C. 构配件　　　　　　　　　　　　D. 建筑设施

E. 生产设备

12.【多选题】质量管理体系文件包括（　　　）。

A. 质量手册　　　　　　　　　　　B. 质量管理体系程序文件

C. 总体设计　　　　　　　　　　　D. 质量计划

E. 质量记录

考点 73：工程质量控制的基本方法 ★●

教材点睛 教材 P185～P194

1. 工程质量控制的主体（按实施主体不同，分为自控主体和监控主体）

（1）政府的工程质量控制：政府属于监控主体，以法律法规为依据，通过抓工程报建、施工图设计文件审查、施工许可、材料和设备准用、工程质量监督、重大工程竣工验收备案等主要环节进行质量控制。

（2）工程监理单位的质量控制：工程监理单位属于监控主体，受建设单位的委托，代表建设单位对工程建设全过程进行质量监督和控制。

（3）勘察设计单位的质量控制：勘察设计单位属于自控主体，以法律、法规及合同为依据，对勘察设计的整个过程进行控制。

（4）施工单位的质量控制：施工单位属于自控主体，以工程合同、设计图纸和技术规范为依据，对施工准备阶段、施工阶段、竣工验收交付阶段等施工全过程的工作质量和工程质量进行控制，以达到合同文件规定的质量要求。

2. 工程质量控制的三个阶段：①项目决策阶段的质量控制；②项目勘察设计阶段的质量控制；③工程施工阶段的质量控制。

3. 工程施工阶段质量控制

（1）工程施工阶段质量控制的系统过程：分为施工准备控制（事前控制）、施工过程控制（事中控制）、竣工验收控制（事后控制）。

（2）工程施工阶段质量控制流程

1）施工准备阶段的质量控制主要包括：图纸会审和技术交底、施工组织设计（质量计划）的审查、施工生产要素配置质量审查和开工申请审查。

2）施工阶段的质量控制主要包括：作业技术交底，施工过程质量控制，中间产品质量控制，分部分项、隐蔽工程质量检查和工程变更审查。

4. 工程质量控制的依据：工程合同文件，设计文件，国家及政府有关部门颁布的有关质量管理方面的法律、法规性文件以及专门技术法规。

5. 施工过程质量控制的方法

（1）施工质量控制的技术活动：确定控制对象、规定控制标准、制定控制方法、明确检验方法和手段、实际进行检验、分析说明差异原因、解决差异问题。

（2）施工现场质量检查方法：目测法（看、摸、敲、照）、实测法（靠、量、吊、套）和试验法等。

6. 施工过程质量控制点的确定

（1）选择质量控制点的一般原则：选择保证质量难度大、对质量影响大或者发生质量问题时危害大的对象。

（2）建筑工程质量控制点的位置。【详见 P189 表 7-1】

（3）重点控制的对象：①人的行为；②物的质量与性能；③关键的操作与施工方法；

④施工技术参数；⑤施工顺序；⑥技术间歇；⑦易发生或常见的质量通病；⑧新工艺、新技术、新材料的应用；⑨易发生质量通病的工序；⑩特殊地基或特种结构。

7. 工程质量问题及事故处理

(1) 工程质量问题

工程质量问题的处理程序。【详见 P191 图 7-6】

(2) 工程质量事故

1) 工程质量事故共划分为四个等级

① 特别重大事故：死亡≥30 人，或重伤≥100 人，或直接经济损失≥1 亿元的事故；

② 重大事故：10 人≤死亡＜30 人，或 50 人≤重伤＜100 人，或 5000 万元≤直接经济损失＜1 亿元的事故；

③ 较大事故：3 人≤死亡＜10 人，或 10 人≤重伤＜50 人，或 1000 万元≤直接经济损失＜5000 万元的事故；

④ 一般事故：死亡＜3 人，或重伤＜10 人，或 100 万元≤直接经济损失＜1000 万元的事故。

2) 工程质量事故处理程序。【详见 P193 图 7-7】

8. 工程质量验收

(1) 工程质量验收的层次：单位（子单位）工程、分部（子分部）工程、分项工程和检验批。

(2) 各验收层次的划分原则。【详见 P192】

(3) 建筑工程施工质量应按下列要求进行验收：

1) 检验批：应按主控项目和一般项目验收。

2) 工程质量验收：均应在施工单位自检合格的基础上进行。

3) 隐蔽工程：在隐蔽前应由施工单位通知监理工程师或建设单位专业技术负责人进行验收，并应形成验收文件，验收合格后方可继续施工。

4) 参加工程施工质量验收的各方人员应具备规定的资格。

5) 涉及结构安全的试块、试件以及有关材料，应按规定进行见证取样检测；对涉及结构安全、使用功能、节能、环境保护等重要分部工程应进行抽样检测。

6) 承担见证取样检测及有关结构安全、使用功能等项目的检测单位应具备相应资质。

7) 工程的观感质量：应由验收人员现场检查，并应共同确认。

(4) 建筑工程施工质量验收合格应符合下列要求：

1) 符合《建筑工程施工质量验收统一标准》GB 50300—2013 和相关专业验收规范的规定。

2) 符合工程勘察、设计文件的要求。

3) 符合合同约定。

1. 【判断题】施工中的薄弱环节不能作为质量控制点。 （　　）

2. 【判断题】冬期施工混凝土受冻临界强度等技术参数是质量控制的重要指标。

（　　）

3. 【判断题】直接经济损失在 5000 元及以上的称为工程质量事故。 （　　）

4. 【判断题】工程质量事故分为一般质量事故、较大质量事故和重大质量事故。

（　　）

5. 【判断题】分项工程是分部工程的组成部分，由一个或若干个检验批组成。（　　）

6. 【单选题】下列选项中，（　　）是实现建设工程项目目标的有力保障。

A. 施工单位的质量保证　　　　　　　　B. 项目决策阶段的质量控制

C. 工程勘察设计质量管理　　　　　　　D. 工程施工阶段的质量控制

7. 【单选题】下列选项中，（　　）是工程实体最终形成的阶段。

A. 工程预算阶段　　　　　　　　　　　B. 项目决策阶段

C. 工程勘察设计阶段　　　　　　　　　D. 工程施工阶段

8. 【单选题】下列不属于施工现场质量检查方法的是（　　）。

A. 目测法　　　　　　　　　　　　　　B. 实测法

C. 试验法　　　　　　　　　　　　　　D. 物理法

9. 【单选题】当施工引起的质量问题在萌芽状态的措施不包括（　　）。

A. 及时制止

B. 报告项目监理机构

C. 要求施工单位立即更换不合格材料、设备、不称职人员

D. 立即改变不正确的施工方法和操作工艺

10. 【单选题】直接经济损失在 5 万元以上，不满 10 万元的属于（　　）。

A. 一般质量事故　　　　　　　　　　　B. 较大质量事故

C. 重大质量事故　　　　　　　　　　　D. 特别重大事故

11. 【单选题】由于质量事故，造成人员死亡或重伤 3 人以上的属于（　　）。

A. 一般质量事故　　　　　　　　　　　B. 较大质量事故

C. 重大质量事故　　　　　　　　　　　D. 特别重大事故

12. 【多选题】下列属于自控主体的是（　　）。

A. 政府　　　　　　　　　　　　　　　B. 监理单位

C. 勘察设计单位　　　　　　　　　　　D. 施工单位

E. 建设单位

13. 【多选题】施工准备阶段的质量控制主要包括（　　）。

A. 图纸会审和技术交底　　　　　　　　B. 施工组织设计的审查

C. 开工申请审查　　　　　　　　　　　D. 施工生产要素配置质量审查

E. 隐蔽工程质量检查

14. 【多选题】下列属于施工现场质量检查方法的是（　　）。

A. 目测法　　　　　　　　　　　　　　B. 实测法

C. 试验法 D. 物理法

E. 化学法

15.【多选题】当施工引起的质量问题在萌芽状态的措施有(　　)。

A. 及时制止

B. 要求施工单位立即更换不合格材料、设备、不称职人员

C. 立即改变不正确的施工方法和操作工艺

D. 报告项目监理机构

E. 施工单位对质量问题进行补救处理

16.【多选题】判断为重大质量事故的条件有(　　)。

A. 直接经济损失在5万元以上，不满10万元

B. 直接经济损失10万元以上

C. 事故性质恶劣造成2人以下重伤的

D. 由于质量事故，造成人员死亡或重伤3人以上

E. 工程倒塌或报废

17.【多选题】建筑工程质量验收应划分为(　　)。

A. 单位工程 B. 分部工程

C. 分部分项工程 D. 分项工程

E. 检验批

【答案】1. ×；2. √；3. √；4. ×；5. √；6. C；7. D；8. D；9. B；10. B；11. C；12. CD；13. ABCD；14. ABC；15. ABC；16. BDE；17. ABDE

第二节　工　程　检　测

考点74：抽样检验的基本理论★

教材点睛　教材P194~P196

1. 总体与个体：总体也称母体，是所研究对象的全体；个体，是组成总体的基本元素。

2. 样本：也称子样，是从总体中随机抽取出来，并能根据对其研究结果推断出总体质量特征的那部分个体。

3. 全数检验：对总体中的全部个体逐一观察、测量、计数、登记，从而获得对总体质量水平评价结论的方法。

4. 随机抽样检验：按照随机抽样的原则，从总体中抽取部分个体组成样本，根据对样品进行检测的结果，推断总体质量水平的方法。

5. 抽样的具体方法有：简单随机抽样、分层抽样、等距抽样、整群抽样、多阶段抽样。

教材点睛 教材 P194～P196（续）

6. 质量统计推断：运用质量统计方法在一批产品中或生产过程中，随机抽取样本，通过对样品进行检测和整理加工，从中获得样本质量数据信息，并以此为依据，以概率论为理论基础，对总体的质量状况作出分析和判断。

7. 质量数据的特征值：由样本数据计算的，描述样本质量数据波动规律的指标。

8. 抽样检验方案

（1）检验批的质量检验，应根据检验项目的特点在下列抽样方案中进行选择：

1）计量、计数或计量计数等抽样方案。

2）一次、二次或多次抽样方案。

3）根据生产连续性和生产控制稳定性情况，采用调整型抽样方案。

4）对重要的检验项目，当可采用简易快速的检验方法时，应选用全数检验方案。

5）经实践检验有效的抽样方案。

（2）对于计数抽样方案，一般项目正常检验一次、二次抽样可按《建筑工程施工质量验收统一标准》GB 50300—2013 附录 B 判定。

巩固练习

1.【判断题】组成总体的基本元素，称为样本。 （　　）

2.【判断题】随机抽样是抽样中最基本也是最简单的组织形式。 （　　）

3.【单选题】组成总体的基本元素称为（　　）。

A. 样本　　　　　　　　　　　B. 个体

C. 单位产品　　　　　　　　　D. 子样

4.【单选题】如果一个总体是由质量明显差异的几个部分组成，则宜采用（　　）。

A. 整群抽样　　　　　　　　　B. 分层随机抽样

C. 系统抽样　　　　　　　　　D. 简单随机抽样

5.【单选题】当样品总体很大时，可以采用整群抽样和分层抽样相结合，这种方法又称为（　　）。

A. 整群抽样　　　　　　　　　B. 分层抽样

C. 系统抽样　　　　　　　　　D. 多阶段抽样

【答案】1. ×；2. √；3. B；4. B；5. D

考点 75：工程检测的基本方法 ★●

教材点睛 教材 P197～P207

1. 工程检测的程序

（1）建筑施工检测工作包括：制订检测计划、取样（含制样）、现场检测、台账登记、委托检测及检测资料管理等。

(2) 建筑施工检测工作的有关规定

1) 法律、法规、标准及设计要求或合同约定应由具备相应资质的检测机构检测的项目，应委托检测。

2) 第1) 款规定之外的检测项目，当施工单位具备检测能力时可自行检测，也可委托检测。

3) 参建各方对工程物资质量、施工质量或实体质量有疑义时，应委托检测机构检测。

(3) 建筑施工检测管理要求

1) 施工单位负责施工现场检测工作的组织管理和实施。总包单位应负责施工现场检测工作的整体组织管理和实施，分包单位负责合同范围内施工现场检测工作的实施。

2) 施工单位除应建立施工现场检测管理制度。工程施工前，施工单位应编制检测计划，经监理（建设）单位审批后组织实施。

3) 施工单位应对试件的代表性、真实性负责，按照规范和标准规定的取样标准进行取样，能够确保试件真实反映工程质量。

4) 需要委托检测的项目，施工单位负责办理委托检测并及时获取检测报告；自行检测的项目，施工单位应对检测结果进行评定。

5) 施工单位应及时通知见证人员对见证试件的取样（含制样）、送检过程进行见证，会同相关单位对不合格的检测项目查找原因，依据有关规定进行处置。

2. 施工现场检测项目：工程物资检测、施工过程质量检测、工程实体检测。

巩固练习

1.【判断题】工程施工前，施工单位应编制检测计划，经建设单位审批后组织实施。

（　　）

2.【判断题】施工单位负责施工现场检测工作的组织管理和实施。　　（　　）

3.【判断题】施工单位不可自行进行检测，只能委托检测机构进行检测。　　（　　）

4.【单选题】下列说法正确的是(　　)。

A. 施工单位负责施工现场检测工作的组织管理和实施

B. 总包单位负责其合同范围内施工现场检测工作的实施

C. 分包单位负责施工现场检测工作的整体组织管理和实施

D. 施工单位不可自行进行检测，只能委托检测机构进行检测

5.【多选题】下列说法正确的是(　　)。

A. 施工单位负责施工现场检测工作的组织管理和实施

B. 总包单位负责施工现场检测工作的整体组织管理和实施

C. 分包单位负责其合同范围内施工现场检测工作的实施

D. 施工单位不可自行进行检测，只能委托检测机构进行检测

E. 工程施工前，施工单位应编制检测计划，经监理单位审批后组织实施

6. 【多选题】进场工程物资检测主要包括( )。

A. 进场材料复验 B. 设备性能检测

C. 施工工艺参数确定 D. 混凝土性能

E. 桩基工程载荷检测

7. 【多选题】下列属于施工过程质量检测的是( )。

A. 进场材料复验 B. 设备性能检测

C. 施工工艺参数确定 D. 混凝土性能

E. 桩基工程载荷检测

8. 【多选题】下列属于工程实体检测的是( )。

A. 进场材料复验 B. 结构混凝土检测

C. 建筑节能检测 D. 混凝土性能

E. 桩基工程载荷检测

【答案】1. ×；2. √；3. ×；4. A；5. ABCE；6. AB；7. CD；8. BCE

第八章 施工组织设计

考点76：工程项目施工组织★

教材点睛 教材 P208～P210

1. 工程项目施工组织的原则

（1）认真执行工程建设程序。

（2）搞好项目排队，保证重点，统筹安排。

（3）遵循施工工艺及其技术规律，合理安排施工程序和施工顺序。

（4）采用流水施工方法和网络计划技术，组织有节奏、均衡、连续的施工。

（5）科学安排冬雨期施工项目，保证全年生产的均衡性和连续性。

（6）提高建筑工业化程度。

（7）尽量采用国内外先进的施工技术和科学管理方法。

（8）尽量减少暂设工程，合理储备物资，减少物资运输量，科学布置施工平面图。

2. 建筑施工程序和施工顺序间应处理的关系

（1）施工准备与正式施工的关系。

（2）全场性工程与单位工程的关系。

（3）场内与场外的关系。

（4）地下与地上的关系。

（5）主体结构与装饰工程的关系。

（6）空间顺序与工种顺序的关系。

巩固练习

1.【判断题】在安排架设电线、敷设管网、修建铁路和修筑公路的施工程序时，场外需要由远而近，先主干后分支。 （   ）

2.【判断题】在处理地下工程与地上工程时，应遵循先地下后地上、先深后浅的原则。 （   ）

3.【判断题】一般情况下，主体结构工程施工在前，装饰工程施工在后。 （   ）

4.【判断题】工种顺序要以空间顺序为基础。 （   ）

5.【单选题】下列说法错误的是(   )。

A. 在正式施工时，应该首先进行全场性工程的施工

B. 安排架设电线、敷设管网和修筑公路的施工程序时，场外需要由远而近，先主干后分支

C. 安排架设电线、敷设管网和修筑公路的施工程序时，应先场内后场外

D. 排水工程要先下游后上游

【答案】1. ×；2. √；3. √；4. ×；5. C

考点 77：施工组织设计 ★●

教材点晴 教材 P210～P213

1. 施工组织设计分类：按编制对象，可分为施工组织总设计、单位工程施工组织设计和施工方案。

2. 施工组织设计的编制原则

（1）充分利用时间和空间的原则。

（2）工艺与设备配套优先原则。

（3）最佳技术经济决策原则。

（4）专业化分工和紧密协作相结合的原则。

（5）供应与消耗协调的原则。

（6）必须遵循工程建设程序（《建筑施工组织设计规范》GB/T 50502—2009）：

1）符合施工合同或招标文件中有关工程进度、质量、安全、环境保护、造价等方面的要求。

2）积极开发、使用新技术和新工艺，推广应用新材料和新设备。

3）坚持科学的施工程序和合理的施工顺序，采用流水施工和网络计划等方法，科学配置资源，合理布置现场，采取季节性施工措施，实现均衡施工，达到合理的经济技术指标。

4）采取技术和管理措施，推广建筑节能和绿色施工。

5）与质量、环境和职业健康安全三个管理体系有效结合。

3. 施工组织设计的编制依据

1）与工程建设有关的法律、法规和文件。

2）国家现行有关标准和技术经济指标。

3）工程所在地区行政主管部门的批准文件，建设单位对施工的要求。

4）工程施工合同或招标投标文件。

5）工程设计文件。

6）工程施工范围内的现场条件，工程地质及水文地质、气象等自然条件。

7）与工程有关的资源供应情况。

8）施工企业的生产能力、机具设备状况、技术水平等。

4. 施工组织设计的内容：包括编制依据、工程概况、施工部署、施工进度计划、施工准备与资源配置计划、主要施工方法、施工现场平面布置及主要施工管理计划等。

5. 施工组织设计的编制程序

（1）施工组织设计应由项目负责人主持编制，可根据需要分阶段编制和审批。

（2）施工组织总设计应由总承包单位技术负责人审批；单位工程施工组织设计应由

教材点睛 教材 P210～P213（续）

施工单位技术负责人或技术负责人授权的技术人员审批；施工方案应由项目技术负责人审批；重点、难点分部（分项）工程和专项工程施工方案应由施工单位技术部门组织相关专家评审，施工单位技术负责人批准。

（3）由专业承包单位施工的分部（分项）工程或专项工程的施工方案，应由专业承包单位技术负责人或技术负责人授权的技术人员审批；有总承包单位时，应由总承包单位项目技术负责人核准备案。

（4）规模较大的分部（分项）工程和专项工程的施工方案应按单位工程施工组织设计进行编制和审批。

6. 施工组织设计的实施管理

（1）项目施工前，应进行施工组织设计逐级交底。

（2）项目施工过程中，应对施工组织设计的执行情况进行检查、分析并适时调整。

（3）项目施工过程中发生重大变更时，施工组织设计应及时进行修改或补充；经修改或补充的施工组织设计应重新审批后实施。

巩固练习

1.【判断题】以若干单位工程组成的群体工程或特大型项目为主要对象编制的施工组织设计是施工组织总设计。　　　　　　　　　　　　　　　　　　　　　（　　）

2.【判断题】施工方案是指导施工活动的全局性文件。　　　　　　　　　（　　）

3.【判断题】施工组织总设计是以单位工程或不复杂的单项工程为主要对象编制的施工组织设计。　　　　　　　　　　　　　　　　　　　　　　　　　　　（　　）

4.【判断题】单项工程施工组织设计是以分部分项工程或专项工程为主要对象编制的施工技术与组织方案。　　　　　　　　　　　　　　　　　　　　　　　（　　）

5.【判断题】施工组织总设计应由总承包单位技术负责人审批。　　　　　（　　）

6.【判断题】施工组织设计应申报项目总监理工程师签字确认后方可实施。　（　　）

7.【单选题】下列选项中，不属于施工组织总设计按编制对象划分的是（　　）。

A. 施工组织总设计　　　　　　　　　B. 单位工程施工组织设计

C. 单项工程施工组织设计　　　　　　D. 施工方案

8.【单选题】施工组织总设计应由（　　）审批。

A. 总承包单位技术负责人　　　　　　B. 项目经理

C. 施工单位技术负责人　　　　　　　D. 项目部技术负责人

9.【单选题】单位工程施工组织设计应由（　　）审批。

A. 总承包单位技术负责人　　　　　　B. 项目经理

C. 施工单位技术负责人　　　　　　　D. 项目部技术负责人

10.【多选题】施工组织设计编制的基本原则包括（　　）。

A. 符合施工合同有关工程进度等方面的要求

B. 应从施工全局出发

C. 结合工程特点推广应用新技术、新工艺、新材料、新设备

D. 推广绿色施工技术，实现节能、节地、节水、节材和环境保护

E. 优化施工方案，达到合理的经济技术指标

11.【多选题】施工组织设计按编制对象可以分为(   )。

A. 施工组织总设计   B. 单位工程施工组织设计

C. 单项工程施工组织设计   D. 分项工程施工组织设计

E. 施工方案

【答案】1.√；2.×；3.×；4.×；5.√；6.×；7.C；8.A；9.C；10. ACDE；11. ABE

考点 78：施工方案 ★●

教材点睛 教材 P213～P217

1. 单位工程应按照《建筑工程施工质量验收统一标准》GB 50300—2013 中分部、分项工程的划分原则，对主要分部、分项工程制定施工方案。对脚手架工程、起重吊装工程、临时用水用电工程、季节性施工等专项工程所采用的施工方案应进行必要的验算和说明。

2. 施工方案的三种情况

（1）专业承包公司独立承包项目中的分部（分项）工程或专项工程所编制的施工方案。

（2）由总承包单位编制的分部（分项）工程或专项工程施工方案。

（3）按规范要求单独编制的强制性专项方案。

3. 施工方案的主要内容：包括工程概况、施工安排（施工目标、施工顺序、工程重点和难点）、施工进度计划、施工准备与资源配置计划（劳动力配置计划、物资配置计划）、施工方法及工艺要求（施工方法、施工重点、新技术应用、季节性施工措施）等。

4. 危险性较大工程专项施工方案

（1）《建设工程安全生产管理条例》（国务院第 393 号令）中规定，对达到一定规模的危险性较大的分部（分项）工程编制专项施工方案，并附具安全验算结果，经施工单位技术负责人、总监理工程师签字后实施。

（2）专项施工方案编制范围：基坑支护与降水工程、土方开挖工程、模板工程、起重吊装工程、脚手架工程、拆除爆破工程、国务院建设行政主管部门或者其他有关部门规定的其他危险性较大的工程等。

（3）危险性较大工程专项方案的编制、审核与论证流程。

1）专项施工方案的编制

① 编制步骤和方法与施工方案基本相同，内容上稍有区别，更加强调施工安全技术、施工安全保证措施和安全管理人员及特种作业人员等要求。

② 对于实行施工总承包的建筑工程项目，其专项施工方案应当由施工总承包单位

组织编制。其中，起重机械安装拆卸工程、深基坑工程、附着式升降脚手架等专业工程实行分包的，其专项方案可由专业承包单位组织编制。

2）专项施工方案的审核

① 由施工单位技术部门组织本单位施工技术、安全、质量等部门的专业技术人员进行审核。经审核合格的，由施工单位技术负责人签字。实行施工总承包的，专项方案应当由总承包单位技术负责人及相关专业承包单位技术负责人签字。

② 不需专家论证的专项方案，经施工单位审核合格后报监理单位，由项目总监理工程师审核签字。

3）专项施工方案的论证

① 超过一定规模的危险性较大的分部分项工程专项方案应当由施工单位组织召开专家论证会。

② 参加专家论证会的人员组成：5 名及以上符合相关专业要求的专家组成的专家组；建设单位项目负责人或技术负责人；监理单位项目总监理工程师及相关人员；施工单位分管安全的负责人、技术负责人、项目负责人、项目技术负责人、专项方案编制人员、项目专职安全生产管理人员；勘察、设计单位项目技术负责人及相关人员。

③ 专家论证的主要内容：专项方案内容是否完整、可行；专项方案计算书和验算依据是否符合有关标准规范；安全施工的基本条件是否满足现场实际情况。

④ 专项方案经论证后，专家组应当提交论证报告，对论证的内容提出明确的意见，并签字确认。

⑤ 专项方案经论证后需作重大修改的，施工单位应按照论证报告修改，并重新组织专家进行论证。

巩固练习

1.【判断题】施工方案中不包括施工进度计划。　　　　　　　　　　　　　（　　）

2.【判断题】选择施工机具和材料时，在同一个工地上施工机具的种类和型号应尽可能多。　　　　　　　　　　　　　　　　　　　　　　　　　　　　　　（　　）

3.【判断题】危险性较大的分部分项工程专项施工方案应由施工单位项目经理审核签字。　　　　　　　　　　　　　　　　　　　　　　　　　　　　　　　（　　）

4.【单选题】施工方案应由（　　　）审批。

A. 总承包单位技术负责人　　　　　　　　B. 项目经理

C. 施工单位技术负责人　　　　　　　　　D. 项目部技术负责人

5.【单选题】下列选项中，施工机具和材料的选择主要考虑的因素不包括（　　　）。

A. 应尽量选用施工单位现有机具

B. 机具类型应符合施工现场的条件

C. 在同一个工地上施工机具的种类和型号应尽可能多

D. 考虑所选机械的运行成本是否经济

6.【单选题】下列专业工程实行分包的，其专项方案不能由专业承包单位组织编制的是(　　)。

A. 高支架模板工程　　　　　　　　B. 起重机械安装拆卸工程

C. 深基坑工程　　　　　　　　　　D. 附着式升降脚手架工程

7.【单选题】下列选项中，专项施工方案内不需编制监测方案的是(　　)。

A. 基坑支护　　　　　　　　　　　B. 承重支架

C. 高支架模板　　　　　　　　　　D. 大型脚手架

8.【单选题】危险性较大的分部分项工程专项施工方案应由(　　)审核签字。

A. 项目经理　　　　　　　　　　　B. 施工单位技术负责人

C. 企业技术负责人　　　　　　　　D. 总监理工程师

9.【多选题】下列专业工程实行分包的，其专项方案可由专业承包单位组织编制的有(　　)。

A. 高支架模板工程　　　　　　　　B. 起重机械安装拆卸工程

C. 深基坑工程　　　　　　　　　　D. 大型脚手架工程

E. 附着式升降脚手架工程

10.【多选题】下列选项中，专项施工方案内必须编制监测方案的是(　　)。

A. 基坑支护　　　　　　　　　　　B. 承重支架

C. 高支架模板　　　　　　　　　　D. 大型脚手架

E. 顶管施工

【答案】1. ×；2. ×；3. ×；4. D；5. C；6. A；7. C；8. B；9. BCE；10. ABD

岗位知识与专业技能

知识点导图

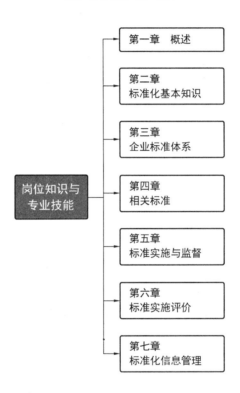

岗位知识与专业技能

- 第一章　概述
- 第二章　标准化基本知识
- 第三章　企业标准体系
- 第四章　相关标准
- 第五章　标准实施与监督
- 第六章　标准实施评价
- 第七章　标准化信息管理

第一章 概　　述

考点1：标准员的职责 ★●

教材点睛 教材① P1～P5

1. 标准员与其他几大员的区别

（1）在工程建设标准实施组织、监督、效果评价等工作中，各有分工，各有侧重。

（2）标准员需要掌握各方面的标准，要有一定的工作经验。

2. 标准员的工作职责

（1）标准实施计划：①参与企业标准体系表的编制；②负责确定工程项目应执行的工程建设标准，编列标准强制性条文，并配置标准有效版本；③参与制定质量安全技术标准落实措施及管理制度。

（2）施工前期标准实施：①负责组织工程建设标准的宣贯和培训；②参与施工图会审，确认执行标准的有效性；③参与编制施工组织设计、专项施工方案、施工质量计划、职业健康安全与环境计划，确认执行标准的有效性。

（3）施工过程标准实施：①负责建设标准实施交底；②负责跟踪、验证施工过程标准执行情况，纠正执行标准中的偏差，重大问题提交企业标准化委员会；③参与工程质量、安全事故调查，分析标准执行中的问题。

（4）标准实施评价：①负责汇总标准执行确认资料、记录工程项目执行标准的情况，并进行评价；②负责收集对工程建设标准的意见、建议，并提交企业标准化委员会。

（5）标准信息管理：负责工程建设标准实施的信息管理。

巩固练习

1.【判断题】建筑与市政工程施工现场专业人员队伍素质是影响工程质量和安全的关键因素。　　　　　　　　　　　　　　　　　　　　　　　　　　　　（　　）

2.【判断题】标准员是在建筑与市政工程施工现场，从事工程建设标准实施筹备、检查、效果评价等工作的专业人员。　　　　　　　　　　　　　　　　　　（　　）

3.【判断题】标准员需参与企业标准体系表的编制。　　　　　　　　　　（　　）

4.【判断题】标准的实施是各管理信息系统开发的基础。　　　　　　　　（　　）

5.【单选题】工程建设活动的技术依据是（　　　）。

A. 国家标准　　　　　　　　　　　　　　B. 地方标准

---

① 下篇中的教材指《标准员岗位知识与专业技能（第二版）》，请读者结合学习。

C. 企业标准   D. 工程建设标准

6.【单选题】在建筑与市政工程施工现场，从事工程建设标准实施筹备、检查、效果评价等工作的专业人员是(   )。

A. 安全员   B. 质量员

C. 标准员   D. 专职安全生产管理人员

7.【单选题】全面收集所承担工程项目施工过程中应执行的标准，并做好落实标准的相关措施与制度是标准员在(   )中的职责。

A. 标准实施计划   B. 施工前期标准实施

C. 施工过程标准实施   D. 标准信息管理

8.【单选题】标准实施计划中包括负责确定工程项目应执行的工程建设标准，编列标准(   )条文，并配置标准有效版本。

A. 推荐性   B. 强制性

C. 推荐性或强制性   D. 推荐性和强制性

9.【单选题】施工过程标准实施中标准员应负责跟踪、验证施工过程标准执行情况，纠正执行标准中的偏差，重大问题提交(   )。

A. 国务院   B. 国家标准化委员会

C. 省（市）标准化委员会   D. 企业标准化委员会

10.【多选题】由于电子技术、精密机械、生物基因工程、航空航天等高技术工业的发展，许多工业建筑提出了(   )等要求。

A. 恒湿、恒温   B. 防鼠疫

C. 防腐蚀   D. 防辐射、防磁

E. 无微尘

11.【多选题】标准员是在建筑与市政工程施工现场，从事工程建设标准实施(   )等工作的专业人员。

A. 组织   B. 筹备

C. 监督   D. 督查

E. 效果评价

【答案】1.√；2.√；3.√；4.√；5. D；6. C；7. A；8. B；9. D；10. ACDE；11. ACE

考点 2：标准员应具备的技能 ★

教材点睛 教材 P5～P9

依据：现行《建筑与市政工程施工现场专业人员职业标准》JGJ/T 250。

1. 标准员应具备的专业技能

（1）能够组织确定工程项目应执行的工程建设标准及强制性条文。

（2）能够参与制定工程建设标准贯彻落实的计划方案。

（3）能够组织施工现场工程建设标准的宣贯和培训。

（4）能够识读施工图。

（5）能够对不符合工程建设标准的施工作业提出改进措施。

（6）能够处理施工作业过程中工程建设标准实施的信息。

（7）能够根据质量、安全事故原因，参与分析标准执行中的问题。

（8）能够记录和分析工程建设标准实施情况。

（9）能够对工程建设标准实施情况进行评价。

（10）能够收集、整理、分析对工程建设标准的意见，并提出建议。

（11）能够使用工程建设标准实施信息系统。

2. 标准员应具备的专业知识

（1）通用知识

1）熟悉国家工程建设相关法律法规。

2）熟悉工程材料、建筑设备的基本知识。

3）掌握施工图绘制、识读的基本知识。

4）熟悉工程施工工艺和方法。

5）了解工程项目管理的基本知识。

（2）基础知识

1）掌握建筑结构、建筑构造、建筑设备的基本知识。

2）熟悉工程质量控制、检测分析的基本知识。

3）熟悉工程建设标准体系的基本内容和国家、行业工程建设标准体系。

4）了解施工方案、质量目标和质量保证措施编制及实施基本知识。

（3）岗位知识

1）掌握与本岗位相关的标准和管理规定。

2）了解企业标准体系表的编制方法。

3）熟悉工程建设标准化监督检查的基本知识。

4）掌握标准实施执行情况记录及分析评价的方法。

3. 标准员职业能力评价

（1）职业能力评价方式：考试、考核、鉴定等。

（2）学历及工作年限最低要求：

1）土建类本专业专科及以上学历1年。

2）土建类相关专业专科及以上学历2年。

3）土建类本专业中职学历3年。

4）土建类相关专业中职学历4年。

（3）考试方式及内容：闭卷笔试；测试的内容按照《建筑与市政工程施工现场专业人员职业标准》中标准员专业技能和专业知识的规定。

（4）专业能力测试合格，且专业学历和职业经历符合规定的建筑与市政工程施工现场专业人员，颁发职业能力评价合格证书。

1.【判断题】标准员的专业技能主要包括能够组织确定工程项目应执行的工程建设标准及强制性条文。（　　）

2.【判断题】标准员的专业技能不包括能够识读施工图。（　　）

3.【判断题】标准员的专业技能包括能够对不符合工程建设标准的施工作业提出改进措施。（　　）

4.【判断题】标准员的专业技能包括能够处理施工作业过程中工程建设标准实施的信息。（　　）

5.【判断题】标准员的专业技能包括能够根据质量、安全事故原因，参与分析标准执行中的问题。（　　）

6.【判断题】标准员的专业技能不包括能够对工程建设标准实施情况进行评价。（　　）

7.【判断题】标准员应了解施工图绘制、识读的基本知识。（　　）

8.【判断题】标准员应熟悉工程施工工艺和方法。（　　）

9.【判断题】标准员应掌握建筑结构、建筑构造、建筑设备的基本知识。（　　）

10.【判断题】标准员应了解工程质量控制、检测分析的基本知识。（　　）

11.【判断题】标准员应熟悉工程建设标准体系的基本内容和国家、行业工程建设标准体系。（　　）

12.【判断题】标准员应了解施工方案、质量目标和质量保证措施编制及实施基本知识。（　　）

13.【判断题】标准员应了解企业标准体系表的编制办法。（　　）

14.【判断题】标准员应了解工程建设标准化监督检查的基本知识。（　　）

15.【判断题】标准员应掌握标准实施执行情况记录表及分析评价的方法。（　　）

16.【判断题】职业能力评价是指通过考试、考核、鉴定等方式，对专业人员职业能力水平进行测试和判断的过程。（　　）

17.【单选题】标准员的专业技能主要包括能够编制（　　）项目的专项施工方案。

A. 小型建设　　　　　　　　　　B. 中型建设

C. 大型建设　　　　　　　　　　D. 中小型建设

18.【单选题】标准员应了解施工项目管理的内容及组织机构建立与运行机制，了解施工项目质量、安全目标控制的（　　），了解施工资源与施工现场管理的内容和方法。

A. 内容与方法　　　　　　　　　B. 任务与措施

C. 内容与任务　　　　　　　　　D. 任务与方法

19.【单选题】标准员应熟悉无机胶凝材料、混凝土、砂浆等主要建筑材料的种类、性质，混凝土和（　　），建筑节能材料和产品的应用。

A. 砂浆和易性　　　　　　　　　B. 砂浆流动性

C. 混凝土配合比设计　　　　　　D. 砂浆配合比设计

20.【单选题】土建类本专业中职学历的标准员的职业实践最少年限为（　　）年。

A. 1　　　　　　　　　　　　　B. 2

C. 3
D. 4

21. 【多选题】标准员的工作职责包括( )。

A. 标准实施计划
B. 施工前期标准实施

C. 施工过程标准实施
D. 实施标准编制

E. 标准信息管理

22. 【多选题】施工前期标准实施中标准员的职责是( )。

A. 负责组织工程建设标准的宣贯和培训

B. 参与施工图会审，确认执行标准的有效性

C. 组织编制施工组织设计

D. 参与编制专项施工方案

E. 参与编制施工质量计划

23. 【多选题】对( )的建筑与市政工程施工现场专业人员，颁发职业能力评价合格证书。

A. 专业能力测试合格
B. 通用知识测试合格

C. 岗位知识测试合格
D. 专业学历符合规定

E. 职业经历符合规定

【答案】1. √；2. ×；3. √；4. √；5. √；6. ×；7. ×；8. √；9. √；10. ×；11. √；12. √；13. √；14. ×；15. √；16. √；17. A；18. B；19. D；20. C；21. ABCE；22. ABDE；23. ADE

考点3：标准员的作用★

教材点睛 教材P9～P10

1. 为实现工程项目施工科学管理奠定基础：提供全面的标准有效版本，指导各项工作按照标准开展，进而有效促进工程项目施工的科学管理。

2. 为保障工程安全质量提供支撑：将工程建设标准的要求贯彻到工程项目施工的各项活动当中，在施工过程中进行监督、检查，对不符合标准要求的事项及时提出整改措施。

3. 为提高标准科学性发挥重要作用：通过工程建设标准实施评价，分析工程建设标准的实施情况、实施效果和科学性，并能够收集工程建设者对标准的意见和建议，对进一步提高标准的科学性，完善标准体系，完善推动标准实施各项措施，发挥重要的作用。

巩固练习

1. 【判断题】工程建设标准作为工程建设活动的技术依据和准则，是保障工程安全质量和人身健康的基础。   (   )

2. 【判断题】标准员作为施工现场从事工程建设标准实施组织、监督、效果评价等工

作的专业人员，既是工程项目的管理人员，也是标准化工作中重要的一员，具有重要的作用。 （　　）

3. 【单选题】下列选项中，（　　）是判定工程质量"好坏"的"准绳"。

A. 国家标准　　　　　　　　　　　B. 地方标准

C. 企业标准　　　　　　　　　　　D. 工程建设标准

4. 【单选题】下列选项中，（　　）是保障工程安全和人身健康的重要手段。

A. 工程建设标准　　　　　　　　　B. 地方标准

C. 企业标准　　　　　　　　　　　D. 国家标准

5. 【单选题】标准员在施工过程中进行监督、检查，对不符合标准要求的事项（　　）。

A. 予以纠正　　　　　　　　　　　B. 责令停工

C. 报告上级领导　　　　　　　　　D. 及时提出整改措施

6. 【多选题】标准化工作的主要内容是（　　）。

A. 标准的制定　　　　　　　　　　B. 标准的实施

C. 标准的可行性　　　　　　　　　D. 对标准实施进行监督

E. 对标准进行评价

【答案】1. √；2. √；3. D；4. A；5. D；6. ABD

第二章 标准化基本知识

考点4：标准和标准化基本概念 ★ ●

教材点睛 教材 P11~P13

1. 标准的定义

（1）标准具有科学性、规范性、时效性三个特性。

（2）理解"标准"定义，应注重把握以下方面：

1）有序化的目的是在一定范围内获得最佳秩序，促进最佳的社会效益和经济效益。

2）标准的实质是对一个特定的活动（过程）或者其结果（产品或输出）规定共同遵守和重复使用的规则、指南或特性，也即标准文件可以是规则或规范性文件，可以是指南性文件，也可以是特定的特性规定。

3）标准是"以科学、技术和经验的综合成果为基础"制定出来的，制定标准的基础是"综合成果"。

4）制定标准必须使相关方协调一致，做到基本同意，以保证标准的全局观、社会观和公正性，使标准有更强的生命力；经公认权威机构批准发布，以保证标准的权威性、严肃性。

2. 标准化定义的理解要点

（1）标准化是指一项活动，活动内容是编制、发布和实施标准。

（2）标准化的目的是"为了在既定范围内获得最佳秩序"，就是要增加标准化对象的有序化程度，防止其无序化发展。

（3）标准化的本质是"统一"，是对现实问题或潜在问题确立共同使用和重复使用规则的活动。

巩固练习

1.【判断题】2002 年我国发布了国家标准，对标准的定义的表述是："由公认机构批准的，非强制性的，为了通用或反复使用的目的，为产品或相关生产方提供准则、指南或特性的文件。" （   ）

2.【判断题】世界贸易组织（WTO）定义标准可以包括或专门规定用于产品、加工或生产方法的术语、符号、包装标准或标签要求。 （   ）

3.【判断题】对不需要规定共同遵守和重复使用的规范性文件的活动和结果，没有必要制定标准。 （   ）

4.【单选题】标准的（   ）是对一个特定的活动（过程）或者其结果（产品或输出）规定共同遵守和重复使用的规则、导则或特性文件。

A. 主要内容   B. 主要方式

C. 定义   D. 实质

5.【单选题】经过公认机构对标准制定的过程、内容进行审查，确认标准的科学性、可行性，以（　　）的形式批准发布。

A. 规则   B. 导则

C. 特性文件   D. 规范性文件

6.【单选题】标准化是指一项（　　），其内容是制定、发布和实施标准。

A. 活动   B. 工作

C. 行为   D. 体系

7.【单选题】标准化是一个相对（　　）的概念。

A. 静态   B. 动态

C. 动静结合   D. 静态或动态

8.【多选题】从标准的定义上可以看出，标准具有（　　）特性。

A. 科学   B. 专业

C. 统一   D. 协调

E. 权威

9.【多选题】如果没有经过综合（　　）其在实践活动中的可行性、合理性或没有经过实践检验，是不能纳入标准之中的。

A. 研究   B. 推理

C. 比较   D. 选择

E. 分析

10.【多选题】标准化活动就是人们从无序状态恢复有序状态所作的努力，建立市场的最佳秩序，（　　）不断优化，使得资源合理配备，有限的投入获得期望的产出，这是社会发展永恒的主题。

A. 生产   B. 生活

C. 施工   D. 服务

E. 产品

【答案】1.×；2.√；3.√；4. D；5. D；6. A；7. B；8. ADE；9. ACDE；10. AD

考点 5：工程建设标准的概念★

教材点睛   教材 P13～P24

1. 工程建设标准的定义

（1）定义：通过标准化活动，按照规定的程序经协商一致制定，为各种工程建设活动或其结果提供规则、指南或特性，供共同使用和重复使用的文件，该文件以科学、技术和经验的综合成果为基础，以促进最佳社会效益为目的。

（2）工程建设标准的主要内容包括：工程建设勘察、规划、设计、施工及验收等的技术要求；工程建设的术语、符号、代号、量与单位、建筑模数和制图方法；工程建设中有关安全、健康、卫生、节能、低碳、环保、智能的技术要求；工程建设的试验、检验和评定等的方法；工程建设的信息技术要求；工程建设的管理技术要求。

（3）工程建设标准的特点：政策性强、综合性强、影响性大等。

2. 工程建设强制性标准

（1）我国工程建设标准化工作改革的总体目标：到 2025 年，以强制性标准为核心、推荐性标准和团体标准相配套的标准体系初步建立，标准有效性、先进性、适用性进一步增强，标准国际影响力和贡献力进一步提升。

（2）我国工程建设标准化工作改革的任务要求：改革强制性标准；构建强制性标准体系；优化完善推荐性标准；培育发展团体标准；全面提升标准水平；强化标准质量管理和信息公开；推进标准国际化。

（3）工程建设领域深化标准化改革工作取得阶段性成果：截至 2023 年 6 月，住房和城乡建设部发布《民用建筑通用规范》《建筑与市政工程施工质量控制通用规范》等全文强制性工程建设规范已达 36 部。

3. 工程建设标准对经济社会的作用

（1）有力保障国民经济的可持续发展。

（2）保护环境，促进节约与合理利用能源资源。

（3）保证建设工程的质量与安全，提高经济社会效益。

（4）规范建筑市场秩序。

（5）促进科研成果和新技术的推广应用。

（6）保障社会公众利益。

（7）促进企业科学发展。

巩固练习

1.【判断题】工程建设标准是针对工程建设活动所制定的标准。　　　（　　）

2.【判断题】国家标准中对工程建设标准的定义为：为在工程建设领域内获得最佳秩序，经协调一致指定并经过一个公认机构批准，对建设活动或其结果规定共同的和重复使用的规则、导则或特性的文件，该文件以科学、技术和实践经验的综合成果为基础，以促进最佳社会效益为目的。　　　（　　）

3.【单选题】经济建设和项目投资的重要制度和依据是(　　)。

A. 标准　　　　　　　　　　　　　B. 标准化

C. 标准化体系　　　　　　　　　　D. 工程建设标准

4.【单选题】强制性条文的条款，在标准中以(　　)的形式体现。

A. 粗体字　　　　　　　　　　　　B. 斜体字

C. 黑体字　　　　　　　　　　　　D. 带下划线

5.【单选题】工程建设国家标准由(　　)组织编制并批准。

A. 国务院

B. 国务院住房和城乡建设委员会

C. 国务院住房和城乡建设主管部门

D. 标准化主管部门

6.【多选题】国家标准中对工程建设标准的定义为：为在工程建设领域内获得最佳秩序，经协调一致指定并经过一个公认机构批准，对建设活动或其结果规定共同的和重复使用的（　　），经文件以科学、技术和实践经验的综合成果为基础，以促进最佳社会效益为目的。

A. 总则　　　　　　　　　　　B. 准则

C. 规则　　　　　　　　　　　D. 导则

E. 特性文件

7.【多选题】工程建设标准的主要内容包括：工程建设的术语、（　　）。

A. 符号　　　　　　　　　　　B. 代号

C. 量与单位　　　　　　　　　D. 建筑模数

E. 标识

8.【多选题】工程建设标准的主要内容包括工程建设中的有关（　　）的技术要求。

A. 施工　　　　　　　　　　　B. 规划

C. 安全　　　　　　　　　　　D. 卫生

E. 环保

9.【多选题】工程建设标准的主要内容包括工程建设的（　　）等方法。

A. 试验　　　　　　　　　　　B. 检验

C. 评定　　　　　　　　　　　D. 测试

E. 评价

10.【多选题】工程建设标准作为建设活动的技术准则，在（　　）等方面有着突出的特点。

A. 政策性　　　　　　　　　　B. 科学性

C. 综合性　　　　　　　　　　D. 权威性

E. 影响性

11.【多选题】对因凡违反标准造成不良后果以致重大事故者，要根据情节轻重，分别予以（　　）。

A. 批评　　　　　　　　　　　B. 处分

C. 经济制裁　　　　　　　　　D. 追究法律责任

E. 降级

12.【多选题】工程建设标准对经济社会的作用主要体现在（　　）。

A. 有力保障国民经济的可持续发展

B. 保护环境，促进节约与合理利用能源资源

C. 保证建设工程的质量与安全，提高经济社会效益

D. 维护建筑市场秩序

E. 促进科研成果和新技术的推广应用

【答案】1. √；2. √；3. D；4. C；5. C；6. CDE；7. ABCD；8. CDE；9. ABC；10. ACE；11. ABCD；12. ABCE

考点 6：标准分类 ★●

教材点睛 教材 P24～P30

1. 根据适用范围分：《中华人民共和国标准化法》（简称《标准化法》），国家标准、行业标准、地方标准和团体标准、企业标准四类。

（1）国家标准代号：强制性国家标准的代号为"GB"，推荐性国家标准的代号为"GB/T"，国家标准样品的代号为"GSB"，指导性技术文件的代号为"GB/Z"。

（2）行业标准代号：建筑工程行业标准代号 JGJ，城镇建设行业标准代号 CJJ。

（3）地方标准和团体标准：地方标准代号为汉语拼音 DB；团体标准编号由各团体标准代号、标准顺序号和年代号组成。

（4）企业标准代号：由汉语拼音 Q 加斜线，再加企业代号组成。

2. 根据标准属性分：强制性和推荐性标准；国家标准分为强制性标准、推荐性标准，行业标准、地方标准是推荐性标准。

3. 根据标准的性质分

（1）技术标准：主要内容是技术性内容，包括工程设计方法、施工操作规程、材料的检验方法等。

（2）管理标准：主要规定生产活动中参加单位配备人员的结构、职责权限，管理过程、方法，管理程序要求以及资源分配等事宜，它是合理组织生产活动，正确处理工作关系，提高生产效率的依据。

（3）经济标准：如工程概算、预算定额、工程造价指标、投资估算定额等。

4. 根据标准化对象的作用分：基础标准，方法标准，安全、卫生和环境保护标准，综合性标准，质量标准等。

巩固练习

1.【判断题】按照《标准化法》，标准分为强制性标准和推荐性标准。（　　）

2.【判断题】保障人体健康，人身、财产安全的标准和法律、行政法规规定强制执行的标准是强制性标准。（　　）

3.【判断题】不符合强制性标准的产品，禁止生产、销售、进口。（　　）

4.【判断题】在工程建设标注中规定了降低建筑能耗的技术方法，包括围护结构的保温措施、暖通空调的节能措施以及可再生能源利用的技术措施等，为建筑节能提供保障。（　　）

5.【判断题】行业标准的编号由行业标准代号、标准顺序号和发布年代号组成。（　　）

6.【判断题】城镇建设行业标准代号 JGJ。（　　）

7.【判断题】没有国家标准、行业标准而又需要在省、自治区、直辖市范围内统一的

技术要求，由地方主管部门组织制定并批准发布的标准，称为地方标准。 （ ）

8.【判断题】质量标准是指以工程建设中的试验、检验、分析、抽样、评定、计算、统计、测定、作业等方法为对象制定的标准。 （ ）

9.【单选题】国家标准代号由（ ）构成。

A. GB
B. GB/T
C. DB
D. GB 或 GB/T

10.【单选题】企业标准代号由（ ）构成。

A. GB
B. JGJ
C. DB
D. Q

11.【单选题】国家标准，工程建设标准的顺序号从（ ）开始。

A. 10000
B. 30000
C. 50000
D. 60000

12.【单选题】下列选项中，（ ）是提高生产效率的依据。

A. 企业标准
B. 技术标准
C. 管理标准
D. 经济标准

13.【单选题】以工程建设中的试验、检验、分析、抽样、评定、计算、统计、测定、作业等方法为对象制定的标准是（ ）。

A. 基础标准
B. 方法标准
C. 质量标准
D. 综合标准

14.【多选题】根据《中华人民共和国标准化法》，我国标准分为（ ）。

A. 国家标准
B. 部标准
C. 地方标准
D. 行业标准
E. 企业标准

15.【多选题】技术标准的主要内容是技术性内容，包括（ ）。

A. 工程设计方法
B. 专项施工方案
C. 施工操作规程
D. 施工人员行为准则
E. 材料的检验方法

16.【多选题】管理标准主要规定生产活动中参加单位配备人员的（ ）等事宜。

A. 结构、职责权限
B. 管理方法
C. 管理过程
D. 管理程序要求
E. 资源计划

17.【多选题】一般来说（ ）等方面的标准规定，都属于综合性标准的范畴。

A. 机械
B. 规划
C. 设计
D. 施工
E. 验收

【答案】1. ×；2. √；3. √；4. √；5. ×；6. ×；7. √；8. ×；9. D；10. D；11. C；12. C；13. B；14. ACDE；15. ACE；16. ABCD；17. BCDE

考点 7：标准化原理★

教材点睛 教材 P30～P32

1. 简化原理（两个界限）

（1）简化的必要性界限：消除其中多余的、可替换的和低功能的环节，实现简化。

（2）简化的合理性界限：通过简化达到"总体功能最佳"的目标。

2. 统一原理的运用原则：适时原则、适度原则、等效原则。

3. 协调原理（三个重点工作）：标准内各技术要素的协调；相关标准之间的协调；标准与标准体系之间的协调。

4. 优化原理：在标准化的一系列工作中，以"最佳效益"为核心，对各项技术方案不断进行优化，确保其最佳效益。

巩固练习

1.【判断题】普遍认可的标准基本原理包括"简化、统一、协调、择优"，这也是标准化工作的方针。（　　）

2.【判断题】统一的实质是使标准化对象的形式、功能（效用）或其他技术特征具有一致性，并把这种一致性通过标准确定下来。（　　）

3.【判断题】协调是针对标准体系。所谓协调，是使标准内各技术要素之间、标准与标准之间、标准与标准体系之间的关联、配合科学合理，使标准体系在一定时期内保持相对平衡和稳定，充分发挥标准体系的整体效果，取得最佳效果。（　　）

4.【单选题】简化的合理性，就是通过简化达到（　　）的目标。（　　）

A. 消除其中多余的

B. 消除可替换的和低功能的环节

C. 总体功能最佳

D. 多样性发展

5.【单选题】标准化原理中，（　　）就是要求标准化的一系列工作中，以"最佳效益"为核心，各项技术方案不断进行优化，确保其最佳效益。

A. 简化　　　　　　　　　　　　　B. 统一

C. 协调　　　　　　　　　　　　　D. 优化

6.【单选题】标准化原理中，（　　）就是把同类事物两种以上的表现形式归并为一种，或限定在一个内的标准化形式。

A. 简化　　　　　　　　　　　　　B. 统一

C. 协调　　　　　　　　　　　　　D. 优化

7.【单选题】标准化原理中，（　　）就是在一定范围内，精简标准化对象（事物或概念）的类型数目，以合理的数量、类型在既定的时间空间范围内满足一般需要的一种标准化形式与原则。

A. 简化　　　　　　　　　　　　　B. 统一

C. 协调 D. 优化

8.【多选题】简化做得好可以得到很明显的效果，特别是（　　）生产的条件下，其效果更佳显著。

A. 专业化 B. 标准化

C. 集成化 D. 工业化

E. 规模化

9.【多选题】运用统一化原理，要把握以下原则（　　）。

A. 实时原则 B. 适时原则

C. 适度原则 D. 等效原则

E. 协调原则

10.【多选题】协调，是使标准内（　　）的关联、配合科学合理，使标准体系在一定时期内保持相对平衡和稳定，充分发挥标准体系的整体效果，取得最佳效果。

A. 各技术要素之间 B. 标准与标准之间

C. 标准与标准体系之间 D. 技术要素与标准之间

E. 技术要素与标准体系之间

【答案】1. √；2. √；3. √；4. C；5. D；6. B；7. A；8. ADE；9. BCD；10. ABC

考点 8：工程建设标准管理体制与机制★●

教材点睛 教材 P32～P46

1. 工程建设标准化相关法律法规的四个层次：①法律；②行政法规；③部门规章和规范性文件；④地方标准化管理办法。

2. 管理制度

（1）工程建设标准制定与修订制度中规定的工作流程

标准立项→标准编制（准备阶段、征求意见阶段、送审阶段、报批阶段）→批准发布→复审→局部修订→日常管理。

（2）工程建设标准实施与监督制度

1)《标准化法》及《标准化法实施条例》的规定：

① 强制性标准必须执行，不符合强制性标准的产品，禁止生产、销售和进口，推荐性标准，国家鼓励企业自愿采用。

② 监督的对象，包括强制性标准，企业自愿采用的推荐性标准，企业备案的产品标准，认证产品的标准和研制新产品、改进产品和技术改造过程中应当执行的标准。

2)《实施工程建设强制性标准监督规定》的规定：

① 明确了工程建设强制性标准的概念，奠定了"强制性条文的法律地位"。

② 确定了监督机构的职责，即国务院建设行政主管部门负责全国实施工程建设强制性标准的监督管理工作。

③ 对监督检查的方式，规定了重点检查、抽查和专项检查等三种方式。

④ 对监督检查的内容做出规定。

（3）工程建设标准实施与监督的具体工作有：①工程建设标准的宣贯与培训；②施工图审查；③工程监督检查；④竣工验收备案；⑤标准咨询工作。

巩固练习

1.【判断题】1961 年 4 月，国务院发布了《工农业产品和工程建设技术标准暂行管理办法》，是我国第一次正式发布的有关工程建设标准化工作的管理法规。　　（　　）

2.【判断题】制定标准的部门要组织由企业负责人组成的标准化技术委员会，负责标准的草拟和审查工作。　　（　　）

3.【判断题】国家实行固定资产投资项目节能评估和审查制度。　　（　　）

4.【判断题】建筑工程勘察、设计、施工的质量必须符合国家有关建筑工程安全标准的要求，具体管理办法由全国人大及其常委会规定。　　（　　）

5.【判断题】《民用建筑节能条例》编制的主要目的在于加强民用建筑的节能管理，降低民用建筑使用过程中的能源消耗，提高能源利用效率。　　（　　）

6.【判断题】工程监理单位发现施工单位不按照民用建筑节能强制性标准施工的，应当要求施工单位改正；施工单位拒不改正的，工程监理单位应当及时报告国务院。（　　）

7.【判断题】建设工程的各个环节审查主管单位应当分别对强制性标准的实施情况进行监督。　　（　　）

8.【判断题】建筑安全监督管理机构应当对工程建设设计、施工阶段执行施工安全强制性标准的情况实施监督。　　（　　）

9.【判断题】工程质量监督机构应当对工程建设施工、监理、验收等阶段执行施工安全强制性标准的情况实施监督。　　（　　）

10.【判断题】地方标准批准发布后 28 日内应报国务院工程建设行政主管部门备案。
　　（　　）

11.【单选题】工程建设标准法律是指由（　　）制定和颁布的属于国务院建设行政主管部门业务范围内的各项法律。

A. 国务院　　　　　　　　　　　　B. 省（市）级人民政府

C. 地方人民政府　　　　　　　　　D. 全国人大及其常委会

12.【单选题】下列选项中，（　　）的生效标志着我国标准化工作走上了法制的轨道。

A.《标准法》　　　　　　　　　　B.《标准化法》

C.《建筑法》　　　　　　　　　　D.《标准化法实施条例》

13.【单选题】下列选项中，（　　）工作是标准化活动中最为重要的一个环节，标准在技术上的先进性、经济上的合理性、安全上的可靠性、实施上的可操作性，都体现在这项工作中。

A. 标准立项　　　　　　　　　　　B. 标准筹备

C. 标准编制　　　　　　　　　　　D. 标准审查

14.【单选题】行业标准批准发布后（　　）日内应报国务院工程建设行政主管部门

备案。

    A. 15   B. 20

    C. 30   D. 45

15.【多选题】《标准化法》共有以下几部分（　　）。

    A. 总则   B. 标准的制定

    C. 标准的实施   D. 法律责任

    E. 目录

16.【多选题】凡在中华人民共和国境内从事建设工程的（　　）等有关活动及实施对建设工程质量监督管理的，必须遵守《建设工程质量管理条例》。

    A. 新建   B. 扩建

    C. 改建   D. 装修

    E. 爆破

17.【多选题】《建设工程安全生产管理条例》对（　　）及其他与建设工程安全生产有关的单位的建设工程安全生产行为进行了规范，并在监督管理、生产安全事故的应急救援和调查处理、法律责任方面作出了具体规定。

    A. 建设单位   B. 咨询单位

    C. 设计单位   D. 施工单位

    E. 监理单位

18.【多选题】工程建设地方标准化工作的经费，可以从（　　）等渠道筹措解决。

    A. 版权收入   B. 科研经费

    C. 上级拨款   D. 企业资助

    E. 标准培训收入

19.【多选题】国务院工程建设行政主管部门管理全国工程建设标准化工作，它的职责包括（　　）。

    A. 制定工程建设标准化工作规划和计划

    B. 组织制定工程建设国家标准

    C. 组织制定本部门本行业的工程建设行业标准

    D. 组织实施标准

    E. 监督标准实施

20.【多选题】工程建设标准的编制过程一般都要经历（　　）等阶段。

    A. 准备阶段   B. 征求意见阶段

    C. 送审阶段   D. 报批阶段

    E. 修改阶段

21.【多选题】局部修改制度是工程建设标准化工作适应我国经济社会和科学技术迅猛发展要求的一项制度，为把（　　），以至重大事故的教训，及时、快捷地纳入标准提供了条件。

    A. 新技术   B. 新产品

    C. 新工艺   D. 新方法

    E. 新材料

【答案】1. √；2. ×；3. √；4. ×；5. √；6. ×；7. √；8. ×；9. √；10. ×；11. D；12. B；13. C；14. C；15. ABCD；16. ABC；17. ACDE；18. BCDE；19. ABCD；20. ABCD；21. ABCE

第三章　企 业 标 准 体 系

考点9：基本概念★

教材点睛 教材 P47～P50

1. 标准体系的概念：一定范围内的标准按其内在联系形成的科学的有机整体。

（1）"一定范围"是指标准所覆盖的范围，也是标准系统工作的范围。

（2）"内在联系"包括三种形式，一是系统联系；二是共性与个性的联系；三是相互统一协调、衔接配套的联系。

（3）"科学的有机整体"是根据标准的基本要素和内在联系所组成的，具有一定集合程度和水平的整体结构。

2. 工程建设标准体系

（1）概念：工程建设标准体系是工程建设某一领域的所有工程建设标准，相互依存、相互制约、相互补充和衔接，构成一个科学的有机整体。

（2）形式：以标准体系框架的形式体现出来，就是用标准体系结构图、标准项目明细表和必要的说明来表达标准体系的层次结构及其全部标准名称的一种形式。

（3）作用：指导工程建设标准制修订工作，利用标准体系框架合理安排工程建设标准制修订计划，合理确定工程建设标准项目和适用范围，避免标准重复、交叉和矛盾。

3. 企业标准体系

（1）概念：以企业获得最佳秩序和效益为目的，以企业生产、经营、管理等大量出现的重复性事物和概念为对象，以先进的科学、技术和生产实践经验的综合成果为基础，以制定和组织实施标准体系及相关标准为主要内容的有组织的系统活动。

（2）主要工作内容：贯彻执行国家和地方有关标准化的法律、法规、方针政策，建立和实施企业标准体系，实施国家标准、行业标准和地方标准，并结合企业的实际情况，制定企业标准，对标准实施进行监督检查，开展标准体系和标准实施的评估、评价工作，积极改进企业标准化工作，参与国家标准化工作。

（3）组织与领导：由本企业的主要领导负责，企业内部各部门主要负责人组成，采取企业标准化委员会的形式建立企业标准化管理机构，统一领导和协调本企业的标准化工作。同时，应建立一支精干稳定的标准化工作队伍。

4. 企业标准体系的5项基本特征：目的性、集成性、层次性、动态性、阶段性。

1.【判断题】《标准体系构建原则和要求》GB/T 13016—2018 对标准体系的定义是：一定范围内的标准按其内在联系形成的科学的有机整体。（　　）

2.【判断题】以实现全国工程建设标准化为目的的所有标准，形成了全国工程建设标准体系。（　　）

3.【判断题】企业标准化工作的内容只包括贯彻执行国家和地方有关标准化的法律、法规、方针政策。（　　）

4.【单选题】标准体系本质上具有（　　）的特征。

A. 系统 　　　　　　　　　　　　B. 整体

C. 统一 　　　　　　　　　　　　D. 协调

5.【单选题】标准体系的内在联系包括：系统关系、上下层次联系及（　　）。

A. 协调管理 　　　　　　　　　　B. 统一关系

C. 左右之间的联系 　　　　　　　D. 衔接关系

6.【单选题】工程建设标准体系是工程建设某一领域的所有工程建设标准，相互依存、（　　）、相互补充和衔接，构成一个科学的有机整体。

A. 相互统一 　　　　　　　　　　B. 相互制约

C. 相互联系 　　　　　　　　　　D. 相互协调

7.【单选题】企业标准化的一般概念中以企业生产、经营、管理等大量出现的重复性事件和概念为（　　）。

A. 目的 　　　　　　　　　　　　B. 对象

C. 基础 　　　　　　　　　　　　D. 主要内容

8.【多选题】工程建设标准体系由（　　）构成。

A. 标准体系结构图 　　　　　　　B. 标准项目明细表

C. 适用范围 　　　　　　　　　　D. 必要的说明

E. 全部标准名称

9.【多选题】企业标准体系是企业标准化的主要成果，是全面支撑企业（　　）的基础。

A. 生产 　　　　　　　　　　　　B. 施工

C. 经营 　　　　　　　　　　　　D. 维护

E. 管理

10.【多选题】企业标准体系的基本特征是（　　）。

A. 目的性 　　　　　　　　　　　B. 集成性

C. 层次性 　　　　　　　　　　　D. 动态性

E. 融合性

【答案】1.√；2.√；3.×；4. A；5. C；6. B；7. B；8. ABDE；9. ACE；10. ABCD

考点 10：企业标准体系构成★●

> **教材点睛** 教材 P50～P54
>
> **1. 企业标准体系构成范围**
>
> (1) 企业生产、经营的方针、目标。
>
> (2) 相关的国家法律、法规。
>
> (3) 标准化的法律、法规。
>
> (4) 相关的国家标准、行业标准和地方标准。
>
> (5) 本企业标准。
>
> **2. 企业标准体系构成（三类标准）：**技术标准（核心）、管理标准、工作标准。
>
> **3. 技术标准体系构成：**施工规程、质量验收标准、材料标准、试验检验标准等。
>
> **4. 管理标准体系构成：**技术管理、安全管理、质量管理、生产管理、材料管理、劳动管理、造价管理等。
>
> **5. 企业工作标准体系构成：**为保证技术标准和管理标准的实施而制定的其他工作标准。

考点 11：企业标准体系表编制

> **教材点睛** 教材 P54～P57
>
> **1. 编制要求：**全面成套、层次恰当、划分明确。
>
> **2. 企业标准体系表格式：**包括标准体系结构图、标准明细表和标准项目说明三部分。
>
> (1) 标准体系的结构：由纵向结构和横向结构相统一形成的整体空间结构，纵向结构代表了标准体系的层次，横向结构代表的标准化所覆盖的领域。
>
> (2) 标准明细表：确定企业标准体系中标准项目，任务就是对照企业标准体系结构中的各个模块，确定模块中的标准项目，以列表的形式体现出来。
>
> (3) 标准项目说明：说明标准的适用范围、主要技术内容。

巩固练习

1.【判断题】技术标准是标准化领域中需要统一的技术事项所指定的标准。 （　　）

2.【判断题】管理标准是企业标准化领域中需要协调统一的工作事项所指定的标准。
（　　）

3.【判断题】工作标准是企业标准化领域中需要协调统一的工作事项所指定的标准。
（　　）

4.【判断题】企业技术标准体系结构可以针对工程项目建设的需要按工作性质划分不同模块，排列形成序列结构，反映企业标准体系结构。 （　　）

5.【判断题】序列结构中各个模块中的标准，还可以进一步进行层次划分，分为基础

标准、通用标准和特殊标准。 （　　）

6.【判断题】通用标准一般规定各岗位人员遵守国家的法律法规和企业的规章制度的行为准则。 （　　）

7.【判断题】企业标准体系中标准，上下、左右的关系要理顺，上下层是从属关系，下层标准要服从上层标准。 （　　）

8.【单选题】下列选项中，（　　）是企业标准体系的核心。

A. 技术标准　　　　　　　　　　B. 管理标准

C. 工作标准　　　　　　　　　　D. 经营标准

9.【单选题】管理制度，多为针对管理工作的一般程序、要求和问题做出的规定，各部门制定各部门的，相比较管理标准体系而言，缺乏（　　）。

A. 系统性　　　　　　　　　　　B. 操作性

C. 考核性　　　　　　　　　　　D. 协调性

10.【单选题】下列选项中，（　　）是以与生产经营相关的岗位工作标准为主体。

A. 工程项目　　　　　　　　　　B. 企业管理标准体系

C. 企业工作标准体系　　　　　　D. 企业技术标准体系

11.【单选题】标准体系的纵向结构代表了标准体系的（　　）。

A. 结构　　　　　　　　　　　　B. 形式

C. 领域　　　　　　　　　　　　D. 层次

12.【多选题】企业标准主要内容包括（　　）。

A. 企业的生产、经营的方针、目标

B. 相关的国家法律、法规

C. 标准化的法律、法规

D. 相关的国际标准、国家标准、行业标准和地方标准

E. 本企业标准

13.【多选题】对于建设类企业，工程建设各个环节、各项工作内容均应制定技术标准，包括（　　）等。

A. 施工规程　　　　　　　　　　B. 质量验收标准

C. 工艺标准　　　　　　　　　　D. 试验标准

E. 检验标准

14.【多选题】管理事项一般包括了（　　）、劳动管理、造价管理等，针对工程项目各项管理内容制定相应的标准构成了企业的管理标准体系。

A. 技术管理　　　　　　　　　　B. 安全管理

C. 质量管理　　　　　　　　　　D. 生产管理

E. 标准管理

15.【多选题】编制标准体系表主要是确定标准体系表的空间结构和标准项目，一般情况标准体系表包括（　　）等部分。

A. 标准体系结构图　　　　　　　B. 标准体系层次图

C. 标准明细表　　　　　　　　　D. 标准项目说明

E. 标准项目明细图

16. 【多选题】建设类企业标准体系第二层次为生产经营的标准体系，包括了（   ）。

A. 技术标准   B. 管理标准

C. 工作标准   D. 基础标准

E. 专项标准

【答案】1. √；2. ×；3. √；4. √；5. ×；6. √；7. √；8. A；9. A；10. C；11. D；12. ABCE；13. ABDE；14. ABCD；15. ACD；16. ABC

考点 12：工程项目应用标准体系构建★

教材点睛 | 教材 P57～P59

1. 工程项目标准体系

（1）工程项目标准体系的范围：是工程项目建设过程中各个环节、各项工作内容所涉及的标准。工程项目的差异决定了工程项目标准体系的"个性化"。

（2）工程项目标准体系编制依据：①与工程项目建设相关的国家法律、法规和标准；②企业的各项管理制度；③工程项目的技术要求。

（3）工程项目标准体系结构【详见 P58 图 3-7】。

（4）标准项目明细表【详见 P57 表 3-1】。

2. 工程项目应执行的强制性标准体系表【详见 P59 表 3-2】

巩固练习

1. 【判断题】工程项目标准体系的范围是指标准体系所覆盖的工作内容，与工作的对象直接相关。 （   ）

2. 【判断题】工程项目标准体系是为顺利完成工程项目建设而构建的乙类标准体系，是企业标准体系的重要组成部分。 （   ）

3. 【判断题】确定工程项目标准体系的结构是编制完善的工程项目编制体系的重要环节，间接决定了标准项目能否覆盖工程建设活动的工作内容。 （   ）

4. 【判断题】工程项目标准体系结构说明和标准项目明细表共同构成了工程项目标准体系整体。 （   ）

5. 【单选题】工程项目的差异决定了工程项目标准体系的（   ）。

A. 差异化   B. 独特性

C. 针对性   D. 个性化

6. 【单选题】按照我国相关的法律法规，不执行（   ）标准，企业要承担相应的法律责任。

A. 推荐性   B. 强制性

C. 国家   D. 企业

7. 【单选题】工程项目标准体系的范围是工程项目建设过程中各个环节、各项工作内容所涉及的标准，（   ）、不同的工作范围，标准体系也不尽相同。

A. 不同的项目   B. 不同的标准

C. 不同的工作内容   D. 不同的环节

8.【多选题】工程项目标准体系的编制依据有(　　)。

A. 与工程项目建设相关的国家法律、法规和标准

B. 企业标准

C. 企业的各项管理制度

D. 工程项目的技术要求

E. 地方标准

9.【多选题】工程建设标准体系是以标准体系框架的形式体现出来,就是用(　　)来表达标准体系的层次结构及其全部标准名称的一种形式。

A. 标准体系层次图   B. 标准体系结构图

C. 标准项目明细表   D. 标准项目汇总表

E. 必要的说明

10.【多选题】工程项目建设涉及(　　)等,是一项复杂的系统工程。

A. 技术   B. 材料

C. 设备   D. 管理

E. 人员

【答案】1.√;2.√;3.×;4.×;5.D;6.B;7.A;8.ACD;9.BCE;10.ABCD

考点 13:企业标准制定★●

教材点睛 教材 P60~P63

1. 制定企业标准对象

(1)凡设有国家标准、行业标准和地方标准,而需要在企业生产、经营活动中统一的技术要求和管理要求。

(2)根据企业情况,对国家标准、行业标准进行补充制定的,严于国家标准、行业标准要求的标准。

(3)新技术、新材料、新工艺应用的方法标准。

(4)生产、经营活动中需要制定的管理标准和工作标准。

2. 制定企业标准应遵循的一般原则

(1)贯彻国家和地方有关的方针、政策、法律、法规,严格执行强制性国家标准、行业标准和地方标准。

(2)保证工程质量、安全、人身健康,充分考虑使用要求,保护环境。

(3)有利于企业技术进步,保证和提高工程质量,改善经营管理和增加经济效益。

(4)有利于合理利用资源、能源、推广科学技术成果,做到技术先进,经济合理。

(5)本企业内的企业标准之间协调一致。

3. 技术标准的制定要求

（1）将新技术和先进的科技成果，在生产中加以应用，通过制定先进的标准，使其成为推动技术发展的动力。

（2）制定标准既要有利于当前的生产，又要为提高生产力创造条件。

（3）把技术标准制定与新技术、新材料、新工艺推广应用结合起来，先制定出标准再应用。

（4）不宜将技术创新纳入标准。

（5）选好标准的制定时机。

（6）在试制、试生产阶段，新技术不够稳定，制定的标准经过使用，必须及时修订、完善。

4. 管理标准的制定要求

（1）从企业实际出发，注意生产中各道工序之间的衔接配合，人员之间、部门之间的协作配合，明确职责，严明纪律。

（2）收集上级的有关法规、规程、规定和办法，结合企业内的规章制度，研究它们之间的相互关系，针对企业生产经营中的特点和问题进行规划。

（3）必须在标准化人员的指导下，有现场工作人员参加，最后，经过协调和审定。

（4）对不好贯彻和难以落实的可有可无的条目，不要列入标准。

（5）管理制度是管理标准的基础，管理标准是对管理制度的继承、发展、提高和升华。

（6）制定管理标准总的要求是既要符合社会化大生产客观规律的要求，促进生产力的发展，又要适合我国进入商品市场的特点，与我国企业管理的总要求相适应。

5. 工作标准的制定要求

（1）既要有定性要求，又要有定量指标。

（2）工作标准的重点应放在作业（操作）标准上。

（3）从改进现状入手，用标准的形式把改进后的成果固定下来，加以推广应用。

（4）对作业进行程序研究，采取直接观察的办法发现问题，针对存在的问题进行分析研究，从中寻求提高工作效率的方法，然后制定成标准，遵照执行。

（5）明确功能要素，规定岗位的工作范围，反映达到的目标。

（6）明确上岗人员基本素质的要求，规定其应具有的权力和考核办法、使责、权、利统一。

（7）对标准化对象的功能进行分析，判断其所处的层次和应具备的功能要素。

巩固练习

1.【判断题】企业标准化活动的主要任务只有标准的制定。　　　　　　（　　）

2.【判断题】制定管理标准时，必须在标准化人员的指导下，由现场工作人员参加。

（　　）

3. 【判断题】工作标准是对企业标准化领域中需要协调统一的工作事项所制定的标准。 （ ）

4. 【判断题】质量要求是规定每个步骤应达到的水平和目标。 （ ）

5. 【判断题】工作标准的重点应放在技术标准上。 （ ）

6. 【单选题】下列选项中，（ ）是对企业范围内需要协调统一的技术要求、管理要求和工作要求所制定的标准，它是企业组织生产和经营活动的依据。

A. 国家标准　　　　　　　　　　B. 行业标准

C. 地方标准　　　　　　　　　　D. 企业标准

7. 【单选题】新技术的工业化过程分为研究、研制阶段，试制、试生产阶段，（ ）等阶段。

A. 正式生产阶段　　　　　　　　B. 工业化生产阶段

C. 批量投产阶段　　　　　　　　D. 技术完善阶段

8. 【单选题】制定工作标准要对作业进行程序研究，采取（ ）的方法，发现问题，然后进行分析研究，寻求提高工作效率的方法，再制定成标准，遵照执行。

A. 样板施工　　　　　　　　　　B. 数理统计

C. 直接观察　　　　　　　　　　D. 全面质量管理

9. 【多选题】制定企业标准应遵循的一般原则有（ ）。

A. 贯彻国家和地方有关的方针、政策、法律、法规，严格执行强制性国家标准、行业标准和地方标准

B. 保证工程质量、安全、人身健康，充分考虑使用要求，保护环境

C. 有利于企业技术进步，保证和提高工程质量，改善经营管理和增加经济效益

D. 有利于提高企业生产、经营活动的能力

E. 本企业内的企业标准之间协调一致

10. 【多选题】管理标准的内容一般包括（ ）。

A. 管理业务的任务

B. 完成管理业务的数量和质量要求

C. 管理工作的程序和方法

D. 与其他部门配合要求

E. 安全生产要求

11. 【多选题】工作标准中对上岗人员基本素质应提出明确规定（ ）。

A. 安全生产要求　　　　　　　　B. 文化素质

C. 政治素质　　　　　　　　　　D. 公共关系

E. 身体条件

【答案】1. ×；2. √；3. √；4. √；5. ×；6. D；7. B；8. C；9. ABCE；10. ABCD；11. BCDE

第四章 相 关 标 准

考点 14：基础标准

教材点睛　教材 P64

1. **基础标准**：指在某一专业范围内作为其他标准的基础并普遍使用，具有广泛指导意义的术语、符号、计量单位、图形、模数、基本分类、基本原则等的标准。

2. **《民用建筑设计术语标准》**：适用于房屋建筑工程中民用建筑的设计、教学、科研、管理及其他相关领域。

3. **《房屋建筑制图统一标准》**：规范图线、字体、比例、符号、定位轴线、材料图例等画法。

4. **《建筑制图标准》**：规范建筑和装修图线、图例、图样等画法。

巩固练习

1.【判断题】基础标准是指在某一专业范围内作为其他标准的基础并普遍使用，具有广泛指导意义的术语、符号、计量单位、图形、模数、基本分类、基本原则等的标准。

（　　）

2.【判断题】《房屋建筑制图统一标准》，规定房屋建筑制图的基本和统一标准，包括图线、字体、字号、比例、符号、定位轴线、材料图例、画法等。　　　　　（　　）

3.【单选题】规定建筑学基本术语的名称，对应的英文名称、定义或解释的基础标准是（　　）。

A.《城市规划术语标准》

B.《民用建筑设计术语标准》

C.《建筑制图标准》

D.《建筑结构术语和符号标准》

4.【多选题】《建筑制图标准》，规定建筑及室内设计专业制图标准，包括建筑和装饰（　　）等。

A. 图线　　　　　　　　　　　　B. 图例

C. 字体　　　　　　　　　　　　D. 比例

E. 画法

【答案】1.√；2.×；3.B；4.ABE

考点 15：施工技术规范 ★●

教材点睛 教材 P64～P71

1. 施工技术规范：是施工企业进行具体操作的方法，是施工企业的内控标准，是企业在统一验收规范的尺度下进行竞争的法宝。

2. 重要标准示例

(1)【示例 4-1】《混凝土结构工程施工规范》GB 50666【P65】

(2)【示例 4-2】《通风与空调工程施工规范》GB 50738【P66】

3. 重要施工技术规范列表【P66～P71】

巩固练习

1.【判断题】施工工艺规范是对建筑工程和市政工程的施工条件、程序、方法、工艺、质量、机械操作等的技术指标，以图表形式作出规定的工程建设标准。（　　）

2.【判断题】施工技术规范是施工企业进行具体操作的方法，是施工企业的内控标准。（　　）

3.【判断题】《混凝土结构工程施工规范》GB 50666 只能用于现场混凝土结构施工，不能用于预拌混凝土生产、预制构件生产、钢筋加工等场外施工。（　　）

4.【判断题】施工规范在控制施工质量的同时，积极采用了新技术、新工艺、新材料，并加强了节材、节水、节能、节地与环境保护等要求，反映了建筑领域可持续发展理念，贯彻执行了国家技术经济政策。（　　）

5.【单选题】下列选项中，（　　）是企业在同一验收规范的尺度下进行竞争的法宝。

A. 施工技术规范　　　　　　　　　　B. 企业标准

C. 企业管理规范　　　　　　　　　　D. 施工标准

6.【单选题】《混凝土结构工程施工规范》GB 50666 提出了混凝土结构工程施工管理和过程控制的基本要求，是我国混凝土结构施工的（　　）技术标准。

A. 强制性　　　　　　　　　　　　　B. 推荐性

C. 通用性　　　　　　　　　　　　　D. 专用性

7.【单选题】标准编号为 GB 50018—2002 是（　　）。

A. 冷弯薄壁型钢结构技术规范　　　　B. 锚杆喷射混凝土支护技术规范

C. 地下工程防水技术规范　　　　　　D. 膨胀土地区建筑技术规范

8.【单选题】标准编号为 GB 50119—2013 是（　　）。

A. 滑动模板工程技术规范　　　　　　B. 混凝土外加剂应用技术规范

C. 混凝土质量控制标准　　　　　　　D. 钢筋混凝土升板结构技术规范

9.【单选题】标准编号为 GB 50156—2021 是（　　）。

A. 粉煤灰混凝土应用技术规范　　　　B. 汽车加油加气加氢站技术标准

C. 蓄滞洪区建筑工程技术规范　　　　D. 建设工程施工现场供电安全规范

10.【多选题】《混凝土结构工程施工规范》GB 50666—2011 主要内容包括总则、术语、基本规定、（　　）等 11 章及 6 个附录。

    A. 模板工程   B. 钢筋工程

    C. 预应力工程   D. 混凝土制备与运输

    E. 混凝土 3D 打印

11.【多选题】《通风与空调工程施工规范》GB 50738—2011 主要技术内容包括总则、术语、基本规定、金属风管及配件制作、非金属与复合风管及配件制作、风阀及部件制作、（　　）、空调制冷剂管道与附件安装、防腐与绝热、监测与控制系统安装、检测与试验、通风与空调系统试运行与调试。

    A. 支吊架制作与安装   B. 风管及部件制作

    C. 空气处理设备安装   D. 管线洞口预留

    E. 空调水系统管道与附件安装

【答案】1. ×；2. √；3. ×；4. √；5. A；6. C；7. A；8. B；9. B；10. ABCD；11. ABCE

考点 16：质量验收规范 ★●

教材点睛　教材 P71～P74

    1. 质量验收规范：是整个施工标准规范的主干，指导各专项工程施工质量验收规范是《建筑工程施工质量验收统一标准》GB 50300。施工质量验收规范属于合格控制的范畴，也属于"贸易标准"的范畴，可以由"验收"促进前期的生产控制，从而达到保证质量的目的。

    2. 重要标准示例

    （1）【示例 4-3】《建筑工程施工质量验收统一标准》GB 50300【P71】

    （2）【示例 4-4】《混凝土结构工程施工质量验收规范》GB 50204【P72】

    3. 重要施工质量验收标准列表【P73-74】

巩固练习

    1.【判断题】"质量验收规范"是整个施工标准规范的主干，指导各专项工程施工质量验收规范是《建筑工程施工质量验收统一标准》GB 50300，验收这一主线贯穿建筑工程施工活动的始终。   （　　）

    2.【判断题】施工质量要与《建筑工程质量管理条例》提出的事前控制、过程控制结合起来，分为生产控制和合格控制。   （　　）

    3.【单选题】标准编号为 GB/T 50214—2013 是（　　）。

    A. 组合钢模板技术规范   B. 土工合成材料应用技术规范

    C. 管井技术规范   D. 住宅装饰装修施工规范

    4.【单选题】标准编号为 GB 50300—2013 是（　　）。

    A. 沥青路面施工及验收规范

B. 烟囱工程施工及验收规范

C. 建筑工程施工质量验收统一标准

D. 水泥混凝土路面施工及验收规范

5.【单选题】标准编号为 GB 50204—2015 是( )。

A. 给水排水构筑物工程施工及验收规范

B. 建筑地基基础工程施工质量验收规范

C. 砌体结构工程施工质量验收规范

D. 混凝土结构工程施工质量验收规范

6.【多选题】《建筑工程施工质量验收统一标准》GB 50300 是指导工程质量( )的核心标准，是建筑工程各专业验收规范的统一标准。

A. 验收内容   B. 验收程序

C. 验收方法   D. 验收时间

E. 评价标准

7.【多选题】《建筑工程施工质量验收统一标准》GB 50300—2013 共分 6 章和 8 个附录，总则、术语、基本规定、( )。

A. 建筑工程施工质量验收的划分

B. 建筑工程施工质量验收

C. 建筑工程施工质量验收的程序和组织

D. 建筑工程施工质量验收的标准

E. 建筑工程施工质量验收的办法

8.【多选题】《建筑工程施工质量验收统一标准》GB 50300—2013 的主要内容是( )。

A. 提出工程验收的划分方式

B. 检验批、分部、分项、单位工程验收的合格要求

C. 单位工程的验收要求，分部工程的验收指标要求由专业验收规范具体规定

D. 验收的程序和组织，就是由谁组织、谁参与

E. 抽样、让步验收的规定

9.【多选题】《混凝土结构工程施工质量验收规范》GB 50204—2015 规定了混凝土结构工程施工质量验收的内容、方法，主要内容包括检验体系、检验类型、检验等级、( )。

A. 检验方式   B. 质量要求

C. 验收程序   D. 结构实体检验

E. 同条件养护混凝土试件

10.【多选题】混凝土结构工程是整个建筑工程质量验收规范体系中的子分部工程，分为( )、现浇结构、装配式结构分项工程。

A. 模板   B. 钢筋

C. 预应力   D. 预应力构件

E. 混凝土

11.【多选题】《混凝土结构工程施工质量验收规范》GB 50204—2015 规定了混凝土

结构工程施工质量验收的检验类型,以施工操作人员的(   )以及施工单位专业人员的检查评定为基础,由监理人员组织检验批、分项工程和子分部工程的验收。

A. 自检   B. 互检

C. 交接检   D. 自评定

E. 交接评定

12.【多选题】《混凝土结构工程施工质量验收规范》GB 50204—2015 规定了混凝土结构工程施工质量验收的结构实体检验,建立了完整的对实体结构的混凝土强度和对结构性能有重要影响的钢筋位置进行实体检验的方案,包括检验的(   )、检查人员、检验组织及验收界限,保证了检查结果的真实性,严格了对混凝土结构施工质量的控制。

A. 条件   B. 范围

C. 内容   D. 流程

E. 数量

【答案】1. √;2. ×;3. A;4. C;5. D;6. ABC;7. ABC;8. ABCD;9. BCDE;10. ABCE;11. ABC;12. ABCE

考点 17:试验、检验标准★●

教材点睛 教材 P75～P79

1. 试验、检验标准:为了确定工程是否安全和是否满足功能要求,用现场抽样检测评价工程的实际质量。工程建设施工质量的实体检验,涉及地基基础和结构安全以及主要功能的抽样检验,能够较客观和科学地评价单体工程施工质量是否达到规范要求。

2. 重要标准示例

(1)【示例 4-5】《混凝土强度检验评定标准》GB/T 50107【P75】

(2)【示例 4-6】《普通混凝土长期性能和耐久性能试验方法标准》GB/T 50082【P76】

3. 重要试验、检验标准列表【P78-79】

巩固练习

1.【判断题】工程建设施工质量的实体检验,涉及地基基础和结构安全以及主要功能的试验检验,能够较客观和科学地评价单体工程施工质量是否达到规范要求。 (   )

2.【判断题】《混凝土强度检验评定标准》GB/T 50107 主要内容包括试样取样频率的规定。 (   )

3.【判断题】《混凝土强度检验评定标准》GB/T 50107 包括 C80 及以上高强度混凝土非标准尺寸试件确定折算系数的方法。 (   )

4.【单选题】采用标准差计算公式评定中,当计算得出的标准差小于(   )MPa 时,取值为 2.5MPa。

A. 2   B. 2.5   C. 3   D. 3.5

5. 【多选题】《混凝土强度检验评定标准》GB/T 50107 中术语和符号包括混凝土、混凝土强度、抗压强度标准值、强度代表值、标准差、( )等。

A. 龄期   B. 合格性评定

C. 检验期   D. 样本数量

E. 合格性评定系数

【答案】1. ×；2. √；3. ×；4. B；5. ABCE

考点 18：施工安全标准 ★●

教材点睛 教材 P79～P81

1. 施工安全标准： 建筑施工安全既包括建筑物本身的性能安全，又包括建造过程中施工作业人员的安全。目前在工程勘察、地基基础、建筑结构设计、工程防灾、建筑施工质量和建筑维护加固专业中已建立了相应的标准体系。

2. 重要标准示例： 【示例 4-6】《建筑施工扣件式钢管脚手架安全技术规范》JGJ 130【P80】

3. 重要施工安全技术规范列表 【P80-81】

巩固练习

1. 【判断题】建筑施工安全，既包括建筑物本身的性能安全，又包括建造构成中施工作业人员的安全。 ( )

2. 【单选题】《建筑施工扣件式钢管脚手架安全技术规范》JGJ 130 全面、系统地提出了扣件式满堂脚手架、满堂支撑架的( )要求。

A. 安全度   B. 系统

C. 施工方法   D. 施工技巧

3. 【单选题】模板及其支架应根据施工过程中的各种工况进行设计，应具有足够的承载力和( )，并应保证其整体稳固性。

A. 刚度   B. 强度

C. 挠度   D. 内力

4. 【多选题】《建筑施工扣件式钢管脚手架安全技术规范》JGJ 130 提出了扣件式满堂脚手架、满堂支撑架（含模板支架）( )与承载力的关系。

A. 搭设高度   B. 搭设长度

C. 搭设尺寸   D. 高宽比

E. 最小跨度

【答案】1. √；2. A；3. A；4. CDE

考点 19：城镇建设、建筑工业产品标准 ★●

教材点睛 教材 P82

1. 城镇建设、建筑工业产品标准： 对产品的种类及其参数系列做出统一规定；另外，规定了产品的质量，既对产品的主要质量要素（项目）做出合理规定，同时对这些质量要素的检测（试验方法）以及对产品是否合格的判定规则做出规定。

2. 重要标准示例

（1）【示例 4-7】《预拌混凝土》GB/T 14902【P82】

（2）【示例 4-7】《预拌砂浆》GB/T 25181【P82】

3. 重要城镇建设、建筑工业产品标准列表【P82】

巩固练习

1.【判断题】产品是过程的结果，从广义上说，产品可分为四类：硬件、软件、服务、流程性材料。 （　　）

2.【判断题】许多产品是由不同类别的产品构成，判断产品是硬件、软件、还是服务，主要取决于其主导功能。 （　　）

3.【判断题】产品标准是对产品结构、规格、质量和检验方法所做的技术规定，是保证产品适用性的依据，也是产品质量的衡量依据。 （　　）

4.【单选题】《预拌砂浆》GB/T 25181 规范了预拌砂浆的技术要求，以及原材料、制备、（　　）、运输、验收等要求。

A. 供应　　　　　　　　　　　　B. 供应量

C. 振捣　　　　　　　　　　　　D. 订货与交货

5. 标准编号 JG/T 163—2013 是（　　）。

A. 钢纤维混凝土　　　　　　　　B. 钢筋机械连接用套筒

C. 钢板桩　　　　　　　　　　　D. 预应力混凝土空心方桩

6.【多选题】《预拌混凝土》GB/T 14902 标准规定中，不包括运送或到交货地点后混凝土的（　　）。

A. 技术要求　　　　　　　　　　B. 浇筑

C. 振捣　　　　　　　　　　　　D. 检验规则

E. 养护

【答案】1.√；2.×；3.√；4. A；5. B；6. BCE

考点 20：工程建设强制性标准 ★

教材点晴 教材 P83~P88

1. 工程建设强制性标准

（1）强制性标准应贯彻国家的有关方针政策、法律、法规，分为全文强制和条文强制两种形式。

（2）强制性标准或强制条文的内容应限制的范围：有关国家安全的技术要求；保障人体健康和人身、财产安全的要求；产品及产品生产、储运和使用中的安全、卫生、环境保护、电磁兼容等技术要求；工程建设的质量、安全、卫生、环境保护要求及国家需要控制的工程建设的其他要求；污染物排放限值和环境质量要求；保护动植物生命安全和健康的要求；防止欺骗、保护消费者利益的要求；国家需要控制的重要产品的技术要求。

2. 重要工程建设强制性标准列表（截至 2023 年 5 月 31 日前发布的）【P86-88】

巩固练习

1.【判断题】强制性标准可分为全文强制和条文强制两种形式，其中标准的全部技术内容需要强制时，为全文强制形式。　　　　　　　　　　　　　　　　（　　）

2.【判断题】《工程建设标准强制性条文》是从已经批准的工程建设国家标准、行业标准中，根据其重要性挑选出来，汇编而成的。　　　　　　　　　　　　（　　）

3.【多选题】强制性标准应贯彻国家的有关方针政策、法律、法规，主要以保障国家安全、（　　　　）、保护环境为正当目标。

A. 创建和谐社会　　　　　　　　　　　B. 防止欺骗

C. 保护人体健康和人身财产安全　　　　D. 保护动植物的生命和健康

E. 维护市场秩序

4.【多选题】全文强制规范参照了国外发达国家技术法规的制定模式，分为（　　　）。

A. 通用技术类规范　　　　　　　　　　B. 工程安全类规范

C. 工程质量类规范　　　　　　　　　　D. 工程项目类规范

E. 工程管理类规范

【答案】1.√；2.×；3. BCD；4. AD

第五章 标准实施与监督

考点 21：标准实施

教材点睛 教材 P89～P92

1. 标准实施的意义

（1）标准实施的目的：将标准的内容贯彻到生产、管理、服务当中的活动过程。

（2）标准实施的意义

1）实现标准的价值：通过实施，把技术标准转化为生产力，改善生产管理，提高质量，从而增强企业的市场竞争能力。

2）标准进步的内在需要：在不断地实施、修订标准的过程中，吸收最新科技成果，补充和完善内容，纠正不足，有利于实现对标准的反馈控制，使标准更科学、更合理。

2. 标准实施的原则

（1）强制性标准，企业必须严格执行。

（2）推荐性标准，企业一经采用，应严格执行。

（3）企业标准，只要纳入到工程项目标准体系当中，应严格执行。

3. 标准宣贯培训

（1）作用：是标准从制定到实施的桥梁，是促进标准实施的重要手段。

（2）目的：让执行标准的人员掌握标准中的各项要求，在生产经营活动中有效地贯彻执行。

（3）形式：①参加标准化主管部门组织的宣贯培训；②企业组织以会议的形式，讲解标准的内容；③企业组织以研讨的方式相互交流，加深对标准内容的理解。

4. 标准实施交底

（1）由施工现场标准员向其他岗位人员说明工程项目建设中应执行的标准及要求。

（2）标准实施交底工作可与施工组织设计交底相结合，结合施工方案落实明确各岗位工作中执行标准的要求。

（3）施工方法的标准，可结合各分项工程施工工艺、操作规程，向现场施工员进行交底。

（4）工程质量的标准，可结合工程项目建设质量目标，向现场质量员交底。

（5）标准实施交底应采用书面交底的方式进行。交底中标准员要详细列出各岗位应执行的标准明细、强制性条文明细，及标准实施的要求。

巩固练习

1.【判断题】标准化是一项有目的的活动，标准化的目的只有通过标准的实施才能

达到。　　　　　　　　　　　　　　　　　　　　　　　　　　　　　　（　　）

2.【判断题】标准是企业生产的依据，生产的过程就是贯彻、执行标准、完善标准的过程，是履行社会责任的过程。　　　　　　　　　　　　　　　　　　　　　（　　）

3.【判断题】推荐性标准只要适用于企业所承担的工程项目建设，就应积极采用。
　　　　　　　　　　　　　　　　　　　　　　　　　　　　　　　　　　（　　）

4.【判断题】标准实施交底应采用口头交底的方式进行，交底中，标准员要详细列出各岗位应执行的标准明细，以及强制性条文明细。　　　　　　　　　　　　　　（　　）

5.【单选题】标准的实施是指有组织、有计划、有措施地贯彻执行标准的（　　）。

A. 行为　　　　　　　　　　　　　　　　B. 活动

C. 过程　　　　　　　　　　　　　　　　D. 工作

6.【单选题】由于标准涉及面广，同时涉及技术、生产、管理和使用等问题，标准只有在系统运行中（　　），才能使其趋于合理。

A. 应用实践　　　　　　　　　　　　　　B. 发现问题

C. 不断完善　　　　　　　　　　　　　　D. 与时俱进

7.【单选题】企业标准（　　），在工程项目建设过程中应严格执行。

A. 一经采用　　　　　　　　　　　　　　B. 纳入工程项目标准体系中

C. 制定完成　　　　　　　　　　　　　　D. 经过实践检验后

8.【多选题】企业组织标准宣贯培训活动的方式有（　　）。

A. 参加标准化主管部门组织的宣贯培训

B. 企业以组织会议的方式，请熟悉标准的专业人员讲解标准内容

C. 组织现场观摩活动

D. 企业以研讨方式组织相互交流，加深对标准内容的理解

E. 企业要求各项目自行组织宣贯活动

【答案】1.√；2.×；3.√；4.×；5.B；6.C；7.B；8. ABD

考点 22：标准实施的监督 ★●

教材点睛 教材 P92～P97

1. 标准实施监督检查的任务

（1）对标准实施进行监督是贯彻执行标准的重要手段，目的是保障工程质量、安全、保护环境、保障人身健康。

（2）施工现场标准员要围绕工程项目标准体系中所明确应执行的全部标准，开展标准实施监督检查工作。

（3）主要任务：①监督施工现场各管理岗位人员认真执行标准。②监督施工过程各环节全面有效执行标准。③解决标准执行过程中出现的问题。

2. 标准实施监督检查方式、方法

（1）施工现场标准员要通过现场巡视检查和施工记录资料查阅进行标准实施的监督检查。

（2）施工方法标准实施的监督要与施工组织设计规定的施工方案的落实相结合，施工要按照施工方案规定的操作工艺进行，并要满足相关标准的要求。

（3）工程质量标准的监督检查：通过验收资料的查阅，监督检查质量验收的程序是否满足标准的要求，同时要检查质量验收是否存在遗漏检查项目的情况，重点检查强制性标准的执行情况。

（4）产品标准的监督检查：通过检查巡视与资料查阅相结合的方式开展，重点检查进场的材料与产品的规格、型号、性能等是否符合工程设计的要求，产品进场后现场取样、复试的过程是否符合相关标准的要求，同时还要检查复试的结果是否符合工程的需要，以及对不合格产品处理是否符合相关标准的要求。

（5）工程安全、环境、卫生标准的监督检查：通过现场巡视的方式，检查工程施工过程中所采取的安全、环保、卫生措施是否符合相关标准的要求，重点是危险源、污染源的防护措施，以及卫生防疫条件。同时，还要查阅相关记录，监督相关岗位人员的履职情况。

（6）新技术、新材料、新工艺应用的监督检查：标准员要对照新技术、新材料、新工艺的应用方案进行检查，重点要保证工程安全和质量，同时，分析与相关标准的关系，向标准化主管部门提出标准制（修）订建议。

3. 整改

（1）标准员对在监督检查中发现的问题，要认真记录，并要对照标准分析问题产生的原因，提出整改措施，填写整改通知单发相关岗位管理人员。

（2）操作人员和管理人员对标准理解不正确或不理解标准的规定造成的问题，标准员应根据标准前言给出的联系方式，咨询标准编制人员，做到正确掌握标准的要求。

（3）整改通知单中要详细说明不符合标准要求的施工部位、存在的问题、不符合的标准条款以及整改的措施要求。

4. 标准体系评价

（1）评价目的：评估针对项目所建立的标准体系是否满足项目施工的需要，并提出改进的建议措施。

（2）评价的内容：包括体系的完整性和适用性，核心要求就是要保证标准体系覆盖工程建设活动各个环节，有效保障工程安全和质量、人身健康。

（3）要求

1）由项目主要负责人牵头组织，标准员负责实施。

2）首先通过问卷或访谈的形式向相关岗位管理人员征求意见，再组织相关人员召开会议，共同讨论确定评价的结论。

3）评价的结论应包括标准体系是否满足工程建设的需要和整改措施建议两部分。

对于现行标准中存在的不足和改进的措施建议，标准员应向工程建设标准化管理机构提交。

5. 需及时组织评价工作的情况

（1）国家法规、制度发生变化时。

教材点睛 教材 P92～P97（续）

（2）发布了新的国家标准、行业标准和地方标准，并与项目有较强关联。

（3）相关国家标准、行业标准、地方标准修订，与项目有较强关联。

（4）企业不具备某项标准的实施条件，对工程建设有较大影响。

（5）企业管理要求开展评价。

巩固练习

1.【判断题】对标准实施进行监督是贯彻执行标准的重要手段，目的是保障工程质量、安全、保护环境、保障人身健康。　　　　　　　　　　　　　　　　　　（　　）

2.【判断题】开展标准体系评价目的是评估对项目所建立的标准体系是否满足项目施工的需要，并提出改进的建议措施，是企业不断改进和自我完善的有效办法，也是推动企业开展标准化工作中不可缺少的重要工具，它对提高企业的科学化管理水平，实现企业的方针目标具有重要的意义。　　　　　　　　　　　　　　　　　　　　（　　）

3.【判断题】施工方法标准评价：对工程项目建设施工中各分项工程的操作工艺要求均有明确的规定。　　　　　　　　　　　　　　　　　　　　　　　　　　　（　　）

4.【判断题】安全环境卫生标准评价：标准体系中规定的各项技术、管理措施全面、有效，并符合法规、政策的要求，项目建设过程中未发生任何事故。　　　　　（　　）

5.【判断题】标准体系涉及面广，对于工程项目标准体系评价，应由项目标准员牵头组织实施。　　　　　　　　　　　　　　　　　　　　　　　　　　　　　（　　）

6.【单选题】施工现场(　　)围绕工程项目标准体系中所明确应执行的全部标准，开展标准实施监督检查工作。

A. 施工员　　　　　　　　　　　　　B. 质量员

C. 安全员　　　　　　　　　　　　　D. 标准员

7.【单选题】工程质量验收标准的最小单元是(　　)。

A. 子单位工程　　　　　　　　　　　B. 子分部

C. 子分项　　　　　　　　　　　　　D. 检验批

8.【单选题】企业管理标准体系评价应在(　　)进行。

A. 实施前　　　　　　　　　　　　　B. 实施中

C. 及时　　　　　　　　　　　　　　D. 实施后

9.【多选题】可以采用资料查阅方式进行标准实施监督检查的有(　　)。

A. 施工方法标准　　　　　　　　　　B. 工程质量标准

C. 产品标准　　　　　　　　　　　　D. 工程安全、环境、卫生标准

E. 新技术、新材料、新工艺的应用

10.【多选题】现行的产品标准对建筑材料和产品的质量和性能有严格的要求，现行工程建设标准对建筑材料和产品在工程中应用也有严格的规定，包括材料和产品的(　　)。

A. 规格　　　　　　　　　　　　　　B. 尺寸

C. 性能   D. 产品合格证

E. 进场后取样、复试

【答案】1.√；2.√；3.×；4.√；5.×；6. D；7. D；8. C；9. ABC；10. ABCE

考点 23：工程安全质量事故处理及原因分析★●

教材点睛 教材 P97～P106

1. 工程质量问题和事故的处理

（1）工程质量问题成因：①违背建设程序；②违反法规行为；③地质勘察失真；④设计差错；⑤施工与管理不到位；⑥不合格的原材料、制品及设备；⑦自然环境因素；⑧使用不当。

（2）成因分析方法

1）基本步骤：现场研究，观察记录全部实况→收集调查与问题有关的全部设计和施工资料→分析所处的环境及面临的各种条件和情况→找出可能生产质量问题的所有因素→进行必要的计算分析或模拟试验予以论证确认。

2）分析要领：①确定质量问题的初始点；②围绕原点对现场各种现象和特征进行分析；③综合考虑原因复杂性，确定诱发质量问题的起源点即真正原因。

（3）工程质量事故处理方案的确定

1）工程质量事故处理原则：正确确定事故性质；正确确定处理范围。

2）工程质量事故处理基本要求：满足设计要求和用户的期望；保证结构安全可靠，不留任何质量隐患；符合经济合理的原则。

3）质量事故处理方案类型：修补处理；返工处理；不做处理（不影响结构安全和正常使用；经过后续工序可以弥补；法定检测单位鉴定合格；经原设计单位核算，仍能满足结构安全和使用功能）。

4）选择最适用工程质量事故处理方案的辅助方法：试验验证；定期观测；专家论证；方案比较。

（4）工程质量事故处理的鉴定验收

1）鉴定验收程序：检查验收→必要的鉴定→验收结论。

2）验收结论通常有以下几种：

① 事故已排除，可以继续施工。

② 隐患已消除，结构安全有保证。

③ 经修补处理后，完全能够满足使用要求。

④ 基本上满足使用要求，但使用时有附加限制条件，例如限制荷载等。

⑤ 对耐久性的结论。

⑥ 对建筑物外观的结论。

⑦ 对短期内难以做出结论的，可提出进一步观测检验意见。

2. 工程安全事故处理

（1）事故报告、调查、处理程序

1）事故报告程序：

① 工程安全事故发生后，事故现场有关人员应当**立即**向工程建设单位负责人报告；

② 工程建设单位负责人接到报告后，应于**1 小时内**向事故发生地县级以上人民政府住房和城乡建设主管部门及有关部门报告。

③ 情况紧急时，事故现场有关人员可直接向事故发生地县级以上人民政府住房和城乡建设主管部门报告。

2）事故报告应包括的内容：①事故发生的时间、地点、工程项目名称、工程各参建单位名称；②事故发生的简要经过、伤亡人数（包括下落不明的人数）和初步估计的直接经济损失；③事故的初步原因；④事故发生后采取的措施及事故控制情况；⑤事故报告单位、联系人及联系方式；⑥其他应当报告的情况。【事故报告后出现新情况，以及事故发生之日起 30 日内伤亡人数发生变化的，应当及时补报。】

3）事故调查程序：核实事故基本情况→核查事故项目基本情况→分析事故的直接原因和间接原因，必要时组织进行检测鉴定和专家技术论证→认定事故的性质和事故责任→提出对事故责任单位和责任人员的处理建议→总结事故教训，提出防范和整改措施→提交事故调查报告。

4）事故处理方式：对事故发生企业给予罚款、停业整顿、降低资质等级、吊销资质证书其中一项或多项处罚；对事故负有责任的注册执业人员分别给予罚款、停止执业、吊销执业资格证书、终身不予注册其中一项或多项处罚。

（2）事故原因分析

1）最基本的因素有：管理、人、物、自然环境和社会条件。

2）建筑工程安全事故主要因素：人的不安全因素、物的不安全状态、作业环境的不安全因素和管理缺陷。

（3）事故因素的控制方法

1）人的因素控制：建筑行业实行企业资质管理、安全生产许可证管理和各类专业从业人员持证上岗制度是施工安全生产保证人员素质的重要管理措施。

2）物的不安全状态控制：施工单位应对安全物资供应单位进行评价和选择。

3）环境因素控制：加强环境管理和控制，改进作业条件，把握好安全技术，辅以必要的措施。

4）管理控制：各参建方责任主体应建立健全安全生产管理制度并严格执行。

巩固练习

1.【判断题】工程质量事故，是指由于建设管理、监理、勘测、设计、咨询、施工、材料、设备等原因造成工程质量不符合规程、规范和合同规定的质量标准，影响使用寿命和对工程安全运行造成隐患及危害的事件。　　　　　　　　　　　　　　（　　）

2.【判断题】根据我国标准的规定，凡工程建设没有满足某个规定的要求，就称之为质量不合格；而没有满足某个预期使用要求或合格期望的要求，称为质量缺陷。　（　　）

3. 【判断题】对于某些工程质量问题，可能涉及的技术领域比较广泛，或问题很复杂，有时仅根据合同规定难以决策，这时可提请专家论证。（　　）

4. 【判断题】事故报告后出现新情况，以及事故发生之日起15日内伤亡人数发生变化的，应当及时补报。（　　）

5. 【判断题】建筑工程安全事故主要因素是人的不安全因素、物的不安全状态、作业环境的不安全因素和管理缺陷。（　　）

6. 【单选题】凡是工程质量不合格，必须进行返修，加固或报废处理，由此造成直接经济损失低于（　　）元的称为质量问题。

A. 5000　　　　　　　　　　　　B. 1万

C. 10万　　　　　　　　　　　　D. 1000万

7. 【单选题】一般事故是指造成（　　）人以下死亡，或者10人以下重伤，或者1000万以下100万元以上直接经济损失的事故。

A. 1　　　　　　　　　　　　　　B. 2

C. 3　　　　　　　　　　　　　　D. 5

8. 【单选题】工程安全事故发生后，事故现场有关人员应当立即向工程建设事故单位负责人报告；工程建设单位负责人接到报告后，应于（　　）小时内向发生地县级以上人民政府住房和城乡建设主管部门及有关部门报告。

A. 0.5　　　　　　　　　　　　　B. 1

C. 2　　　　　　　　　　　　　　D. 24

9. 【单选题】工程质量事故处理方案分修补处理、返工处理、（　　）等类型。

A. 不做处理　　　　　　　　　　B. 设计单位复核

C. 后续工序弥补　　　　　　　　D. 法定检测

10. 【多选题】凡具备下列条件之一者为一般质量事故：（　　）。

A. 直接经济损失为50000元　　　B. 直接经济损失为10000元

C. 直接经济损失为40000元　　　D. 直接经济损失为60000元

E. 影响使用功能和工程结构安全，造成永久质量缺陷的

11. 【多选题】工程质量事故处理验收结论通常有（　　）。

A. 难以做出结论，需进一步观测检验

B. 隐患已消除，结构安全有保证

C. 经修补处理后，完全能够满足使用要求

D. 基本上满足使用要求，但使用时有附加限制条件，例如限制荷载等

E. 对耐久性的结论

12. 【多选题】工程质量问题分析方法的基本步骤是（　　）。

A. 进行细致的现场研究，观察记录全部实况，充分了解与掌握引发质量问题的现象和特征

B. 收集调查与问题有关的全部设计和施工资料，分析摸清工程在施工或使用过程中所处的环境及面临的各种条件和情况

C. 找出可能产生质量问题的所有因素，分析、比较和判断，找出最可能造成质量问题的原因

D. 进行必要的计算分析或模拟实验予以论证确认

E. 完成分析报告

13【多选题】工程质量问题最基本的因素是（　　）。

A. 违背建设程序
B. 违反法规行为

C. 违反工作标准
D. 设计差错

E. 施工与管理不到位

14.【多选题】事故报告应包括下列内容：（　　）、其他应当报告的情况。

A. 事故发生的时间、地点、工程项目名称、工程各参建单位名称

B. 事故发生的简要经过、伤亡人数和直接经济损失估计

C. 事故的初步原因

D. 事故发生后采取的措施及事故控制情况

E. 事故报告单位、联系人及联系方式

【答案】1. √；2. √；3. √；4. ×；5. √；6. A；7. C；8. B；9. A；10. ABCE；11. BCDE；12. ABCD；13. ABDE；14. ACDE

第六章　标 准 实 施 评 价

考点 24：标准实施评价类别与指标

教材点睛 教材 P115～P116

1. 标准实施评价的类别：根据工程建设领域的实施标准的特点，工程建设标准实施评价分为标准实施状况、标准实施效果和标准科学性三类。
2. 不同类别标准的实施评价重点与指标。【详见 P116 表 6-1】

考点 25：标准实施状况评价

教材点睛 教材 P117～P120

1. 标准实施状况评价的内容
（1）指标准批准发布后一段时间内，各级建设行政主管部门、工程建设科研、规划、勘察、设计、施工、安装、监理、检测、评估、安全质量监督、施工图审查机构以及高等院校等相关单位实施标准的情况。
（2）为便于评价进行，将评价划分为标准推广状况评价和标准执行状况评价，最后通过综合各项评价指标的结果，得到标准实施评价状况等级。
2. 标准推广状况评价内容【详见 P118 表 6-2】
3. 标准执行状况评价内容【详见 P119 表 6-3】

考点 26：标准实施效果评价★

教材点睛 教材 P120～P121

1. 标准实施效果评价的三个指标：经济效果、社会效果、环境效果。
2. 实施效果评价内容。【详见 P120 表 6-4】

考点 27：标准科学性评价★

教材点睛 教材 P121～P123

1. 标准的科学性是衡量标准满足工程建设技术需求程度，首先应包括标准对国家法律、法规、政策的适合性，在纯技术层面还包括标准的可操作性、与相关标准的协调性和标准本身的技术先进性。
2. 基础类标准科学性评价内容。【详见 P122 表 6-5】
3. 单项类和综合类标准科学性评价内容。【详见 P123 表 6-6】

1.【判断题】标准实施的评价，是工程建设标准化主管部门开展的一项推动标准实施、加强和改进标准化工作的一项活动。 （　　）

2.【判断题】标准实施评价的目的是在工程建设活动中，通过评价全面把握标准实施如何、实施总体效果如何、标准还需要改进的地方等。 （　　）

3.【判断题】标准实施状况分为推广标准状况和标准应用状况两类。 （　　）

4.【判断题】标准的实施状况是指标准批准发布后一段时间内，各级建设行政主管部门、工程建设科研、规划、勘察、设计、施工、安装、监理、监测、检测、评估、安全质量监督、施工图审查机构以及高等院校等相关单位实施标准的情况。 （　　）

5.【判断题】"受控"是指单位通过 ISO 9001 质量管理体系认证，所评价的标准是受控文件。 （　　）

6.【判断题】工程建设标准作为工程建设活动的技术依据，规定了工程建设的技术方法和保证建设可靠性的各项指标要求，是技术、经济、质量及安全管理水平的综合体现。

（　　）

7.【判断题】工程建设标准体系中，基础类标准主要规定术语、符号、制图等方面的要求，评价基础类标准的科学性，要突出标准的特点，评价时对各项规定要逐一进行评价。 （　　）

8.【单选题】对质量验收、管理和检验、鉴定、评价以及运营维护、维修等类工程建设标准或内容不评价（　　），主要考虑这几类标准及相关标准对此规定的内容主要是规定程序、方法和相关指标。

A. 经济效果　　　　　　　　　　B. 环境效果

C. 社会效果　　　　　　　　　　D. 物质消耗

9.【单选题】根据工程建设标准化工作的相关规定，标准批准发布公告发布后，主管部门要通过网络、杂志等有关媒体及时向社会发布，各级（　　）的标准化管理机构有计划地组织标准的宣贯和培训活动。

A. 人民政府　　　　　　　　　　B. 建设行政主管部门

C. 住房和城乡建设行政主管部门　　D. 标准化工作机构

10.【单选题】在估算理论销售量时，根据标准的类别、性质进行折减，作为理论销售量，一般将折减系数确定为：基础标准0.2，通用标准（　　），专用标准0.6。

A. 0.5　　　　　　　　　　　　B. 0.6

C. 0.8　　　　　　　　　　　　D. 1

11.【多选题】根据工程建设领域的实施标准的特点，将工程建设标准实施评价分为（　　）。

A. 标准实施状况　　　　　　　　B. 标准实施效果

C. 标准实施评价　　　　　　　　D. 标准可行性

E. 标准科学性

12.【多选题】根据被评价标准的内容构成及其适用范围，工程建设标准可分为（　　）标准。

A. 基础类   B. 综合类

C. 单项类   D. 专项类

E. 普遍适用类

13.【多选题】对单项类和综合类标准，应采用(　　)等指标评价推广标准状况。

A. 标准发布状况   B. 标准发行量比率

C. 标准宣贯培训状况   D. 管理制度要求

E. 标准衍生物状况

【答案】1. √；2. √；3. √；4. √；5. ×；6. ×；7. √；8. B；9. C；10. C；11. ABE;12. ABC；13. ACDE

第七章 标准化信息管理

考点 28：标准化信息管理的基本要求 ★ ●

教材点睛 | 教材 P124～P126

1. 标准化信息管理的范围主要包括

(1) 国家和地方有关标准化法律、法规、规章和规范性文件。

(2) 有关国家标准、行业标准、地方标准，以及国际标准。

(3) 企业生产、经营、管理等方面有效的各种标准文本。

(4) 相关出版物，包括手册、指南、软件等。

(5) 相关资料，包括标准化期刊、管理资料、统计资料。

2. 主要任务

(1) 建立广泛而稳定的信息收集渠道。

(2) 及时了解并收集有关的标准发布、实施、修订和废止信息。

(3) 对于收集到的信息进行登记、整理、分类，及时传递给有关部门。

(4) 实现标准化信息的计算机管理。

3. 标准化信息发布的主要网站和期刊

(1) 国家工程建设标准化信息网（www.ccsn.org.cn）。

(2)《工程建设标准化》期刊。

(3) 国家标准化管理委员会网站（www.sac.gov.cn）。

巩固练习

1.【判断题】标准化信息管理，就是对标准文件及相关的信息资料进行有组织、及时系统地搜集、加工、储存、分析、传递和研究，并提供服务的一系列活动。　（　　）

2.【判断题】目前，标准化信息的发布、出版、发行的部门和单位是明确的，但不固定。　（　　）

3.【判断题】企业或项目部要建立资料簿，收集来的标准资料首先进行登记，登记时在资料簿上注明资料名称、日期、编号、来源、内容。　（　　）

4.【判断题】对登记后的标准资料要对照企业或项目部实施的标准资料目录进行整理；对于新发布的标准，应及时纳入到相关目录当中；对于修订的标准，要在目录中替代原标准，局部修订的公告，要在修订的标准中注明，以确保标准信息及资料信息的完整、准确和有效。　（　　）

5.【判断题】借助计算机对标准信息资料进行采集、加工、存储、传递和查询，可以改进标准化信息的管理水平，方便使用，并能提高利用率。　（　　）

6.【判断题】企业可以根据标准发布公告，标准目录或出版信息，也可以根据标准化机构的网站信息，掌握标准化的动态信息。　　　　　　　　　　　　（　　）

7.【判断题】国家标准发布后，会在相关媒体上发布公告，并有一年以上的时间正式实施，对于重要的标准还会举办宣贯培训活动。　　　　　　　　　　（　　）

8.【多选题】标准化信息管理的范围主要包括（　　　　）。

A. 国家和地方有关标准化法律、法规、规章和规范性文件

B. 有关国家标准、行业标准、地方标准，以及国际标准

C. 企业生产、经营、管理等方面有效的各种标准文件

D. 相关出版物，包括手册、指南、软件、标准等

E. 相关资料，包括标准化期刊、管理资料、统计资料

9.【多选题】标准化信息管理的主要任务是（　　　　）。

A. 建立广泛而稳定的信息收集渠道

B. 及时了解并收集有关的标准发布、实施、修订和废止信息

C. 对于收集到的信息进行登记、整理、分类，及时传递给有关部门

D. 实现标准化信息的计算机管理

E. 对于收集到的信息编辑、修改

【答案】1. √；2. ×；3. √；4. √；5. √；6. √；7. ×；8. ABCE；9. ABCD

考点 29：标准文献分类

教材点睛 教材 P126～P131

1. 中国标准文献分类法（简称 CCS）

（1）由一级类目和二级类目组成。

（2）一级主类的设置，以专业划分为主，共设 24 个大类，分别用英文大写字母来表示。

（3）二级类目采用双位数字表示，类目之间的逻辑划分，用分面标识加以区分。

2. 国际标准分类法（简称 ICS）

（1）主要用于国际标准、区域标准和国家标准以及相关标准化文献分类、编目、订购与建库，促进标准以及其他文献在世界范围内传播。

（2）ICS 是一部数字等级制分类法，根据标准化活动与标准文献的特点，类目的设置以专业划分为主，适当结合科学分类；分类体系原则上由三级组成。

3. 工程建设标准分类：住房和城乡建设部组织按专业工程领域编制标准体系，与建筑、市政工程相关的是城乡规划、房屋建筑和城镇建设三个领域的标准体系，每个领域内按专业再进行分类。

巩固练习

1.【判断题】CCS（中文标准文献分类法）是由我国标准化管理部门根据我国标准化

工作的实际需要，结合标准文献的特点编制的一部专门用于标准文献的分类法。　　（　　）

2.【判断题】CCS的分类体系原则上由三级组成，即一级类目、二级类目和三级类目。　　（　　）

3.【判断题】ICS是一部数字等级制分类法，根据标准化活动与标准文献的特点，类目的设置以专业划分为主，适当结合科学分类。　　（　　）

4.【判断题】目前，住房和城乡建设部组织按专业工程领域编制标准体系，与建筑、市政工程相关的是城乡规划、房屋建筑和城镇建设等三个领域的标准体系，每个领域内按专业再进行分类。　　（　　）

5.【单选题】CCS分类体系中一级主类的设置，以专业划分为主，其中A代表（　　）。

A. 综合　　　　　　　　　　　　B. 农业、林业

C. 医药、卫生、劳动保护　　　　D. 矿业

6.【单选题】CCS分类体系中一级主类的设置，以专业划分为主，其中M代表（　　）。

A. 机械　　　　　　　　　　　　B. 电工

C. 电子元器件与信息技术　　　　D. 通信、广播

7.【单选题】CCS分类体系中二级主类的设置，采用非严格的等级制，其中B01代表（　　）。

A. 农业、林业综合　　　　　　　B. 标准化、质量管理

C. 技术管理　　　　　　　　　　D. 经济管理

8.【多选题】工程建设标准中工程勘测类包括（　　）等。

A. 气象勘探　　　　　　　　　　B. 工程地质

C. 水文地质　　　　　　　　　　D. 工程测量

E. 物理勘探

9.【多选题】工程建设标准中岩土工程类包括（　　）。

A. 岩土工程　　　　　　　　　　B. 土方及爆破工程

C. 地基基础工程　　　　　　　　D. 工程地质

E. 工程测量

10.【多选题】工程建设标准中工程结构类包括（　　）。

A. 荷载及房屋结构　　　　　　　B. 水土结构

C. 工业构筑物结构　　　　　　　D. 桥隧结构

E. 工程地质

11.【多选题】工程建设标准中工程鉴定与加固类包括（　　）。

A. 古建筑的鉴定与加固

B. 民用建筑的鉴定与加固

C. 工业建筑的鉴定与加固

D. 军用建筑的鉴定与加固

E. 政府建筑的鉴定与加固

12.【多选题】工程建设标准中工程安全类包括（　　）。

A. 建筑施工安全　　　　　　　　B. 工程施工安全
C. 建筑电气安全　　　　　　　　D. 施工人员安全
E. 施工设备安全

【答案】1. √；2. ×；3. √；4. √；5. A；6. D；7. C；8. BCDE；9. ABC；10. ABCD；
11. ABC；12. ABC